中国电力发展报告 2025

电力规划设计总院◎编著

人民日报出版社
北 京

图书在版编目（CIP）数据

中国电力发展报告．2025 / 电力规划设计总院编著．
北京 : 人民日报出版社，2025. 7. -- ISBN 978-7-5115-8877-7

Ⅰ. F426.61

中国国家版本馆 CIP 数据核字第 2025DB8484 号

书　　名：中国电力发展报告 . 2025
ZHONGGUO DIANLI FAZHAN BAOGAO.2025
作　　者：电力规划设计总院

责任编辑：周海燕

出版发行：人民日报出版社
社　　址：北京金台西路 2 号
邮政编码：100733
发行热线：(010) 65369509 65369512 65363531 65363528
邮购热线：(010) 65369530 65363527
编辑热线：(010) 65369518
网　　址：www.peopledailypress.com
经　　销：新华书店
印　　刷：三河市嘉科万达彩色印刷有限公司
法律顾问：北京科宇律师事务所 (010)83622312

开　　本：889 mm×1194 mm　1/16
字　　数：298 千字
印　　张：13.75
版次印次：2025 年 8 月第 1 版　2025 年 8 月第 1 次印刷

书　　号：ISBN 978-7-5115-8877-7
定　　价：168.00 元

编委会

序

2024 年，面对内外部复杂严峻的形势，在以习近平同志为核心的党中央坚强领导下，我国电力工业高质量发展再上新台阶，煤电兜底保障作用充分发挥，风电光伏跃升式发展，全国统一电力市场加快建设，新型电力系统持续构建，能源安全新战略深入推进，为经济社会发展大局做好服务保障。

电力规划设计总院作为电力规划设计行业的"国家队"，以"能源智囊、国家智库"为发展愿景，主动支撑起国家新型能源体系战略研究。一年来，电力规划设计总院配合国家能源局组织开展了《全国电力系统设计（2025—2027）》，完成了"双碳"战略背景下西电东送可持续高质量发展研究、全国中长期支撑性调节性电源规划布局研究、"十五五"时期煤电生产力布局研究等重要工作。

《中国电力发展报告 2025》是电力规划设计总院组织编写的年度电力发展报告，从发展环境、需求分析、电源发展、电网发展、新型储能、供需形势、电力经济、电力市场与价格、政策解读、观点汇编等多个方面，对 2024 年我国电力发展状况进行全面梳理、综合归纳；分析预测未来三年电力需求水平，在此基础上提出各类电源、各级电网发展展望；在全面总结电力体制改革进展与成效基础上，分析展望近期改革重点；深入解读过去一年行业重点政策；以专题文章形式深入剖析当前电力行业热点问题。报告以客观准确的统计数字为支撑，力求系统全面、凝聚焦点、突出重点，为政府决策、企业发展提供支持与服务。

编写中国电力发展报告是电力规划设计总院服务经济社会发展的有益行动。期望电力规划设计总院进一步发挥"能源智囊、国家智库"的优势，推出更多更好的新成果，打造精品，形成系列，真实记录我国电力工业发展进程，与社会各界共享智慧、共赢发展！

中国能建党委副书记、总经理 倪真

目录

Contents

2 需求分析
Demand Analysis

3 电源发展 Power Generation Development

4 电网发展 Power Grid Development

5 新型储能发展 New Energy Storage Development

6 供需形势
Supply and Demand Situation

7 电力经济
Power Economy

8 电力市场与价格
Electricity Market and Price

9 政策解读
Policy Interpretation

10 观点汇编 Perspective Compilation

发展综述

Development Overview

2024 年是实现“十四五”规划目标任务的关键一年。一年来，在习近平新时代中国特色社会主义思想指引下，深入贯彻“四个革命、一个合作”能源安全新战略，我国能源高质量发展再上新台阶，能源绿色转型步伐持续加快，新型电力系统建设加速推进。2024 年，全国非化石能源消费比重达到 19.8%，较 2020 年提高约 4 个百分点，可再生能源发电装机比重达到 56.4%，连续两年超过 50%，新能源装机达到 14 亿千瓦，首次超过火电装机规模，提前 6 年实现我国在气候雄心峰会上做出的承诺。

构建多元供应体系，电力供给保障能力明显增强。

2024 年，全国国民经济运行稳中有进，以“新三样”为代表的新质生产力快速增长，带动用电量稳步增长，全社会用电量达到 9.85 万亿千瓦时，同比增长 6.8%，提前完成五年规划提出的发展目标。全国发电装机容量达到 33.5 亿千瓦，同比增长 14.6%，超前完成五年规划提出的总装机达到 30 亿千瓦以上的发展目标，形成约 16.5 亿千瓦的可靠支撑能力。全国发电量约 10.09 万亿千瓦时，同比增长 6.7%。全国西电东送规模约 3 亿千瓦，与去年基本持平。全国 220 千伏及以上的交流输电线路回路长度达到 96.1 万公里，220 千伏及以上公用变电设备容量 57.8 亿千伏安。2024 年，全国电力工程建设投资近 1.8 万亿元。其中，电网工程建设投资约 6000 亿元，电源工程建设投资约 1.2 万亿元。

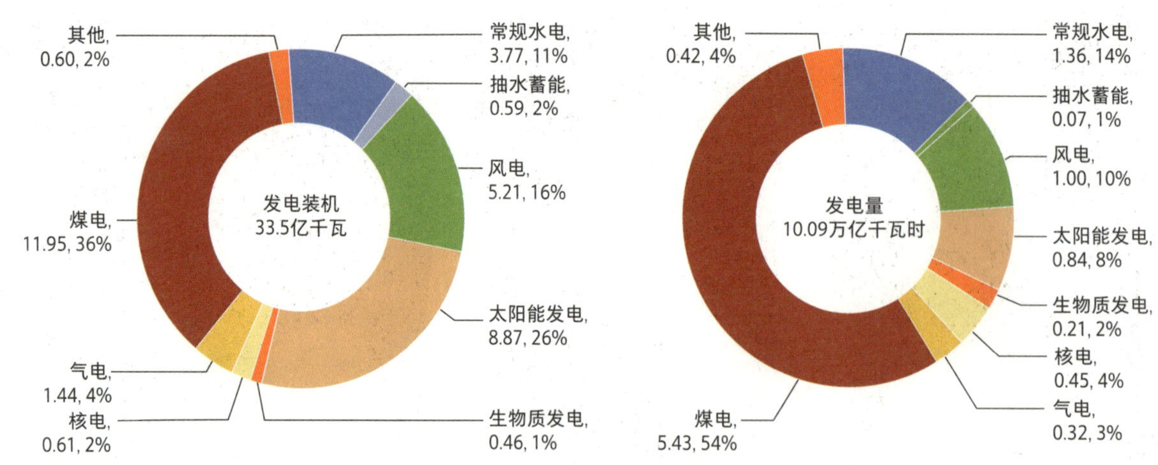

2024 年全国各类电源发电装机和发电量（亿千瓦、万亿千瓦时）

塑造经济新动能，新能源开发投资远超预期。

随着碳达峰碳中和目标的不断推进，新能源装机规模持续扩大，在拉动经济增长、扩大投资方面的作用日益突出。“十四五”前四年，新能源装机快速攀升，年均新增装机超过 2 亿千瓦，年均拉动投资超过 5000 亿元。2024 年，全国电力投资规模接近 1.8 亿元，同比增长 18.9%，新能源发电投资额超过 7500 亿元，占电力总投资的比重连续两年超过 40%。其中，太阳能发电新增装机 2.77 亿千瓦，完成投资额超过 4000 亿元，同比增长 7.8%，风电新增装机约 7900 万千瓦，完成投资额超过 3000 亿元，同比增长 20.2%。

变革能源消费方式，能效提升和结构优化成效显著。

随着各类可再生能源的布局优化和提质增效，电力结构持续优化，非化石能源装机和消费占比进一步提升。2024 年，非化石能源消费比重提升至 19.8%，接近“十四五”规划目标。新增非化石装机 3.77 亿千瓦，新增非化石电源电量 5294 亿千瓦时，非化石电源的装机和发电量分别达到 19 亿千瓦、3.9 万亿千瓦时。系统调节能力不断提升，煤电灵活性改造规模完成 3.89 亿千瓦，抽水蓄能装机达到 5869 万千瓦，同比增长 15%，新型储能累计规模约 7376 万千瓦，同比增长 130%。新能源消纳保持在较高水平，非水可再生能源电力总量责任消纳权重达到 18.5%，超前完成“十四五”规划目标。电力系统运行效率不断提升，智能电网建设全面推进，全国电网线路损失率 4.36%，同比降低 0.18 个百分点。重点领域和行业节能降碳改造持续推进，燃煤发电、电解铝、水泥等重点行业能效水平已进入世界先进行列，6000 千瓦及以上火电供电标准煤耗 302.4 克 / 千瓦时。

加快自主创新步伐，清洁能源技术装备水平全球领先。

我国清洁能源技术和装备水平已具备全球领先优势，风电、光伏发电等新能源技术处于国际先进水平。2024 年，风电机组最大单机容量发展到 10 兆瓦级别以上，光伏电池转换效率多次刷新世界纪录，百万千瓦级水电机组建设能力领跑全球，核电形成了自主品牌的“华龙一号”“国和一号”“玲龙一号”等三代先进压水堆技术，建立起了完备的风电、太阳能发电、水电、核电等清洁能源装备制造产业链，带动我国清洁能源装备产业发展，为深化新能源科技创新和推动国际合作打下坚实基础。

深化体制机制改革，统一电力市场体系建设稳步推进。

2024 年，全国电力市场交易规模持续增加，全年完成市场化交易电量 6.18 万亿千瓦时，同比增长 9.0%，占全社会用电量 62.7%，基本建成了“统一市场、协同运作”的电力市场总体框架。多层次电力市场体系有效运行，市场间的协同运作水平不断提升，电力中长期交易在全国范围内常态化运行，省级电力现货市场进入转正式阶段，南方区域电力市场开展整月结算试运行，长三角区域建立电力互济交易机制。电力辅助服务市场价格机制持续完善，新能源上网电价市场化改革持续深化，电动自行车充电收费体制进一步规范。绿电绿证交易规模实现倍增，交易体系进一步完善。

1 发展环境

Development Environment

1.1
经济发展环境

1.1.1　国际经济发展环境

全球经济增速保持相对稳定

全球经济增速
↑2.8%

2024 年，世界经济在大变局中艰难曲折复苏，呈现出超预期的韧性，总体运行平稳。但与此同时，全球经济面临的风险挑战和不确定性明显上升，增长的稳定性和可持续性面临严峻挑战。全球经济特点总体表现为：

2024 年，全球经济增长趋于稳定但缓慢。在经历了疫情、地缘冲突、通货膨胀和货币政策紧缩等多重冲击后，全球经济展现出超预期的韧性。世界银行 2025 年《全球经济展望》报告称，2024 年全球经济增速 2.8%，与上年全球经济增速持平。

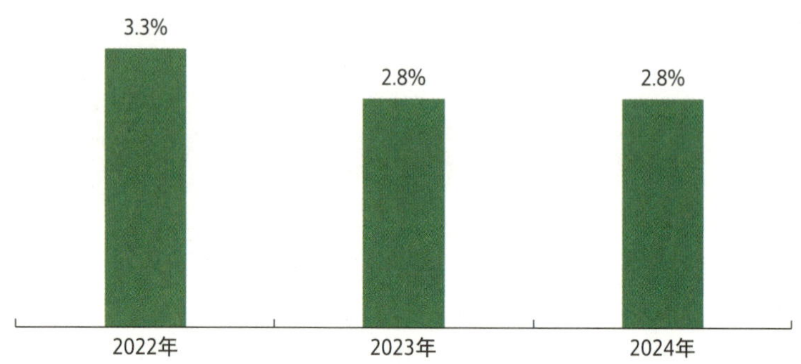

2022—2024 年世界经济增速

数据来源：世界银行《全球经济展望》2025 年 6 月

发达经济体、新兴和发展中经济体均呈现明显的经济增长区域分化特征

2024 年全球经济呈现“弱复苏、高分化”特征，发达经济体增长乏力与发展中经济体韧性并存。美国凭借消费韧性实现 2.8% 增长（贡献全球增长的 25%），欧元区和日本分别仅为 0.9% 和 0.2%。在新兴和发展中经济体中，2024 年东亚和太平洋地区增长 5.0%，其中印度增长 6.5%，在主要经济体中处于领先地位；中国经济增长 5%。拉丁美洲和加勒比地区受高通胀与债务拖累，2024 年只有

2.3% 的增长，其中巴西增长 3.4%，比 2023 年提高 0.2 个百分点，呈现向好趋势，但墨西哥 2024 年仅增长 1.5%，而 2023 年增长 3.3%，出现明显回落趋势。

联合国贸易和发展会议（贸发会议）发布报告显示，2024 年全球贸易额达到 33 万亿美元，创历史新高，较 2023 年增长 3.7%，但贸易增长势头在 2024 年下半年有所放缓。2024 年全球贸易增长主要由服务业推动，全年服务业增长 9%，占总增长的近 60%，而货物贸易仅增长 2%。2024 年发展中经济体的贸易增长超过发达经济体，发展中经济体全年进出口增长 4%，同时，发达经济体的贸易陷入停滞，全年进出口增长平缓，第四季度下降 2%。2024 年，中国外贸总额 43.9 万亿元，同比增长 5%，贸易顺差 7.1 万亿元。

全球贸易额维持稳定增长

同比增长
↑3.7%

2024 年全球外国直接投资（FDI）总量呈现“表面复苏、内生疲软”的特征。联合国贸易和发展组织发布的最新《全球投资趋势监测》报告显示，外国直接投资正处于十字路口。2024 年全球外国直接投资为 1.4 万亿美元，排除通过欧洲中转经济体的流动，2024 年外国直接投资下降了 8%，这对依赖国际项目融资的可持续发展目标的进展构成了挑战。与此同时，中国 2024 年实际使用外资金额 8262.5 亿元人民币，同比下降 27.1%。从行业看，制造业实际使用外资 2212.1 亿元人民币，服务业实际使用外资 5845.6 亿元人民币。高技术制造业实际使用外资 962.9 亿元人民币，占全国实际使用外资的 11.7%。医疗仪器设备及仪器仪表制造业、专业技术服务业、计算机及办公设备制造业实际使用外资分别增长 98.7%、40.8% 和 21.9%。从来源地看，西班牙、新加坡、德国、瑞士实际对华投资分别增长 130.8%、10.8%、2.2%、1%。

全球外国直接投资持续低迷

中国吸收外资总额
↓27%

2024 年，全球经济在低位运行中展现出分化态势，美国经济一枝独秀但滞胀风险上升，日本和欧元区复苏乏力，新兴经济体通胀与货币政策分化。金融市场方面，美元强势，全球股市普涨但美股回调风险加大，债券市场波动加剧，大宗商品市场面临供需博弈，加密资产则在政策友好环境下迎来新机遇。

全球金融市场在“滞胀风险、政策博弈与地缘裂痕”的交织中呈现显著分化

全球大部分经济体增速放缓

2024 年，世界各主要经济体经济运行情况如下：

◎ 美国

2024 年，美国经济在高利率环境下展现出较强韧性，GDP 增长 2.8%，与上一年的 2.9% 基本持平。尽管如此，美国经济仍面临显著的滞胀风险。一方面，总供给复苏滞后于总需求，劳动力市场紧约束问题突出，尤其是黄金年龄劳动力参与率已触及历史高位并开始回调，进一步改善空间有限。另一方面，特朗普政

美国经济增速
↑2.8%

府的移民与关税政策可能进一步加剧供给约束，提升再通胀风险。美联储于 2024 年 9 月开启降息周期，全年降息 3 次，累计降息 100 基点。然而，由于美国经济前景的复杂性以及美联储内部的分歧，未来降息路径存在不确定性。个人消费支出同比增长 4.2%，创下 2023 年第二季度以来的新高，成为经济增长的主要驱动力。截至 12 月末，CPI 同比上涨 2.9%。

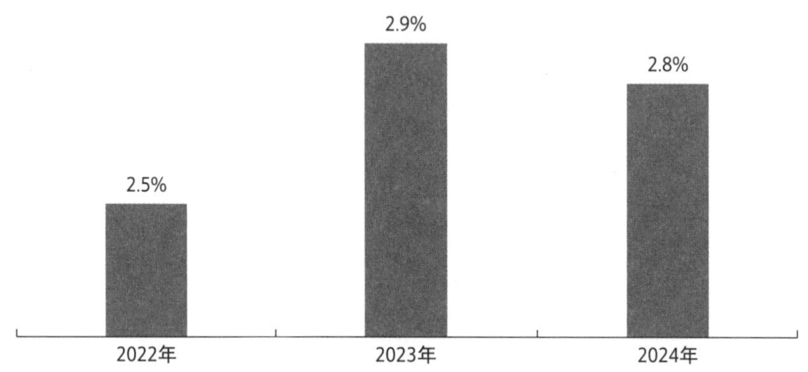

2022—2024 年美国经济增速

数据来源：世界银行《全球经济展望》2025 年 6 月

◎ **欧盟**

欧元区经济增速

↑0.9%

欧元区 2024 年经济复苏乏力，GDP 增长 0.9%，主要受德国和法国两大经济体拖累，其制造业 PMI 持续萎缩至 45.1 低位。通胀呈现“先抑后扬”走势，核心服务价格粘性使年末 HICP 回升至 2.4%，迫使欧洲央行在降息四次后仍维持紧缩立场。就业市场虽表面稳定（失业率 6.3%），但 15% 的青年失业率暴露出结构性问题。

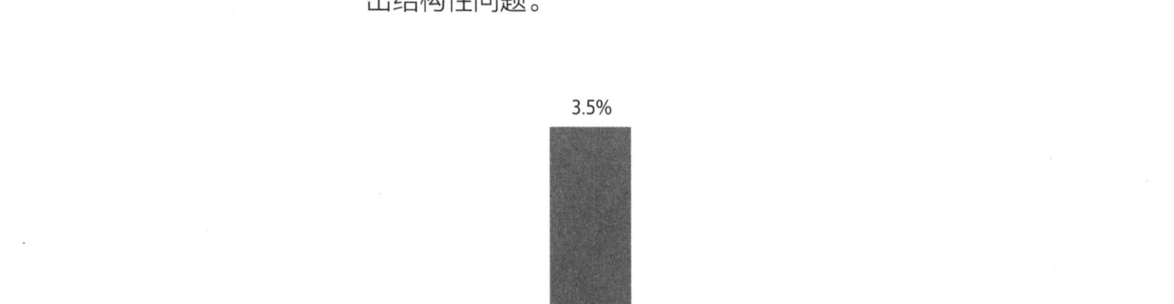

2022—2024 年欧盟经济增速

数据来源：世界银行《全球经济展望》2025 年 6 月

◎ 日本（经济增速 0.2%）

2024 年日本实际 GDP 增速降至 0.2%，较 2023 年 1.4% 显著放缓，通胀稳定且小幅上行。数据显示，内需疲软是主要拖累因素，2024 年，内需对日本经济增长的贡献为 0.2 个百分点，其中，民间企业设备投资增长 1.2%，公共需求增长 0.5%。但由于物价涨幅高于工资涨幅，民众实际收入下降，占日本经济比重一半以上的个人消费下降 0.1%。此外，民间住宅投资下降 2.3%。外需对经济增长的贡献为负 0.1 个百分点。2024 年日本货物及服务出口增长 1.0%，进口增长 1.3%。

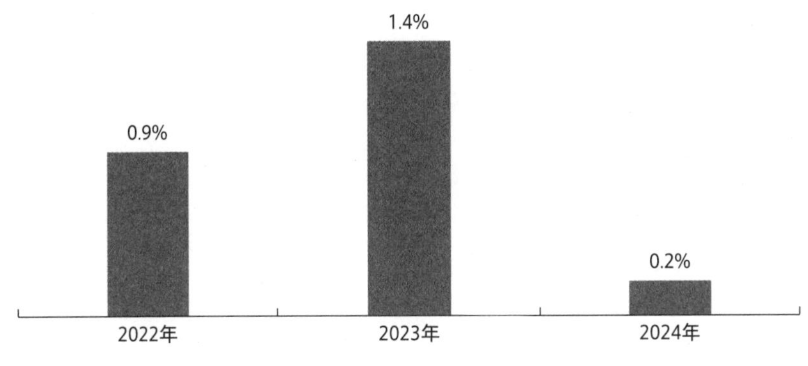

2022—2024 年日本经济增速

数据来源：世界银行《全球经济展望》2025 年 6 月

◎ 金砖国家

印度经济增速 ↑6.5%

南非经济增速 ↑0.5%

巴西经济增速 ↑3.4%

俄罗斯经济增速 ↑4.3%

中国经济增速 ↑5.0%

2024 年金砖国家经济呈现显著分化态势，各国增长动能受内外因素交织影响。印度凭借内需驱动（私人消费增长 6.0%）和 IT 服务业扩张维持 6.5% 的较高增速，但高通胀（CPI 达 6.2%）和制造业疲软（增速降至 5.3%）导致年末增长动能减弱，同时出口疲软与输入型通胀挤压外向型经济空间；南非受结构性矛盾制约仅增长 0.5%，电力短缺虽缓解（限电天数减少 90%），但港口效率低下导致矿业减产，叠加失业率高达 32.1% 和家庭债务攀升抑制了消费活力，投资领域表现疲软，投资占 GDP 比重仅 15% 凸显增长瓶颈；巴西连续三年保持 3% 左右增长，农业出口（大豆、铁矿石）和新能源产业支撑经济，但高通胀（4.9%）迫使央行加息至 12.25%，进口激增 14.7% 削弱贸易顺差，财政赤字与大宗商品依赖仍然制约经济转型；俄罗斯在制裁下实现 4.3% 增长，军工生产和非能源出口成为支柱，但内需受到通胀和加息抑制，能源依赖未根本扭转；中国完成 5% 增长目标，新能源（新能源汽车产量增 38.7%）和高端制造业成为核心驱动力，但经济复苏仍面临压力，房地产投资下降 10.6%，政策刺激下基建投资加速但居民消费信心不足，CPI 低位徘徊与出口受关税冲击预示了下行风险。

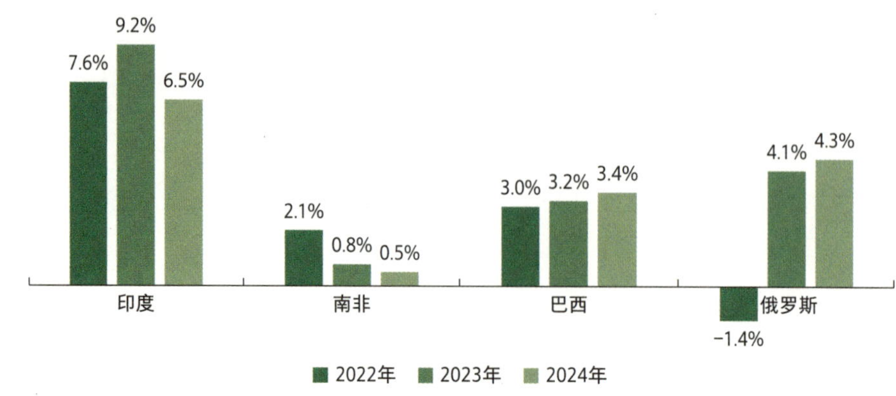

2022—2024 年金砖国家经济增速

数据来源：世界银行《全球经济展望》2025 年 6 月

1.1.2　国内经济发展环境

经济总量达到 135 万亿元

国内生产总值
↑5.0%

2024 年，面对外部压力加大、内部困难增多的复杂严峻形势，我国加大宏观调控力度，经济运行总体平稳、稳中有进。据国家统计局初步核算，2024 年全国国内生产总值（GDP）达到 1349084 亿元（现价），按不变价格计算，同比增长 5.0%。分季度看，一至四季度经济同比增长率分别为 5.3 %、4.7 %、4.6 %、5.4%。

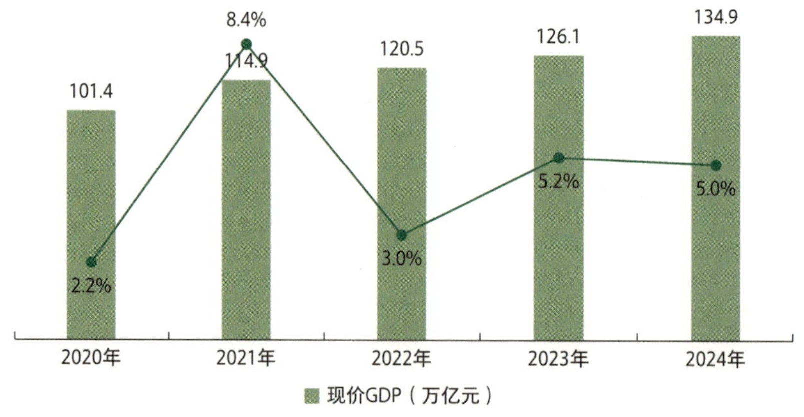

2020—2024 年中国经济增速

数据来源：国家统计局

2024年，我国坚持稳中求进工作总基调，完整准确全面贯彻新发展理念，加快构建新发展格局，全面深化改革开放，加大宏观调控力度，高质量发展扎实推进，新质生产力稳步发展。主要工作及成果包括：

◎ **科技创新成效显著**

2024年，全国研究与试验发展经费支出达到36130亿元，比上年增长8.3 %。新培育一批国家级先进制造业集群，商业航天、北斗应用、新型储能等新兴产业快速发展。2024年，规模以上高技术制造业增加值同比增长8.9%，比全国规模以上工业增加值增速高3.1个百分点。

全国研究与试验发展经费支出同比

↑8.3%

规模以上高技术制造业增加值同比

↑8.9%

◎ **协调发展步伐稳健**

城乡融合发展扎实推进，2024年，城乡居民人均可支配收入比值较上年缩小0.05，城乡居民收入相对差距持续缩小。区域协调发展持续深化，2024年，京津冀地区生产总值合计达到11.5万亿元，同比增长5.2%；长江经济带地区生产总值63.0万亿元，同比增长5.4%；长江三角洲地区生产总值33.2万亿元，同比增长5.5%；粤港澳大湾区建设、黄河流域生态保护和高质量发展等区域重大战略实施取得新成效。

◎ **绿色低碳稳步推进**

节能减排有序开展。2024年，全国万元国内生产总值能耗较上年下降3.8%，万元国内生产总值二氧化碳排放比上年下降3.4%，清洁能源消费量占能源消费总量的28.6%，较上年提升2.2个百分点。环境质量持续优化，PM2.5年平均浓度较上年下降2.7%，全年水质优良（Ⅰ～Ⅲ类）断面比例比上年提高1.0个百分点，达到90.4%。

万元国内生产总值二氧化碳排放比上年

↓3.4%

清洁能源消费量占能源消费总量的

28.6%

◎ **对外开放逆势向好**

面对错综复杂的国际环境和增长乏力的世界经济，我国积极拓展外贸新增长点，进出口结构不断优化，外贸出口对经济增长贡献增大。2024年，我国货物贸易实现促稳提质目标，货物进出口总额43.85万亿元，同比增长5.0%，贸易顺差70623亿元。利用外资有所回落，实际使用外资8263亿元，同比减少27.1%；全年高技术产业实际使用外资2864亿元，同比减少32.3%。

全年货物进出口总额

↑5.0%

◎ **产业结构持续优化**

2024年，三次产业增加值占GDP的比重分别为6.8%、36.5%和56.7%，第二产业比重相较上年下降0.3个百分点，对经济增长的贡献率为38.6 %，高技

第一产业拉动经济增长

0.3个百分点

第二产业拉动经济增长 **1.9 个百分点**

第三产业拉动经济增长 **2.8 个百分点**

术制造业和装备制造业增加值分别比上年增长 8.9%、7.7%。第三产业比重相较上年增加 0.4 个百分点，对经济增长的贡献率为 56.2 %，较第二产业高 17.6 个百分点。信息传输、软件和信息技术服务业呈 10.9% 高速增长。

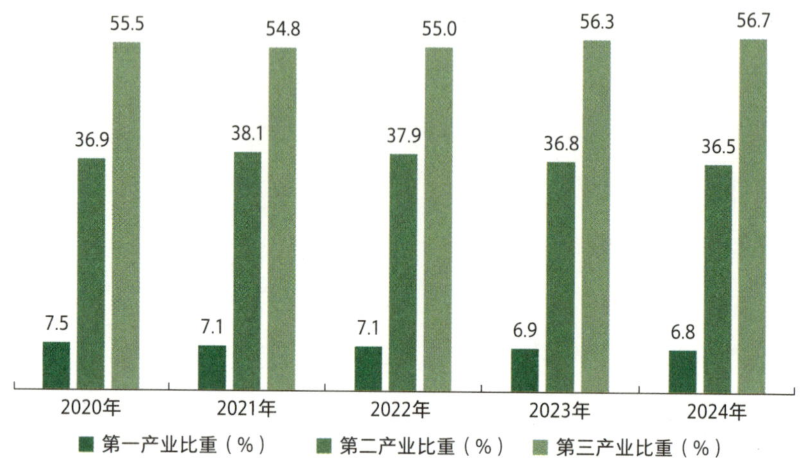

2020—2024 年中国三次产业结构

数据来源：国家统计局

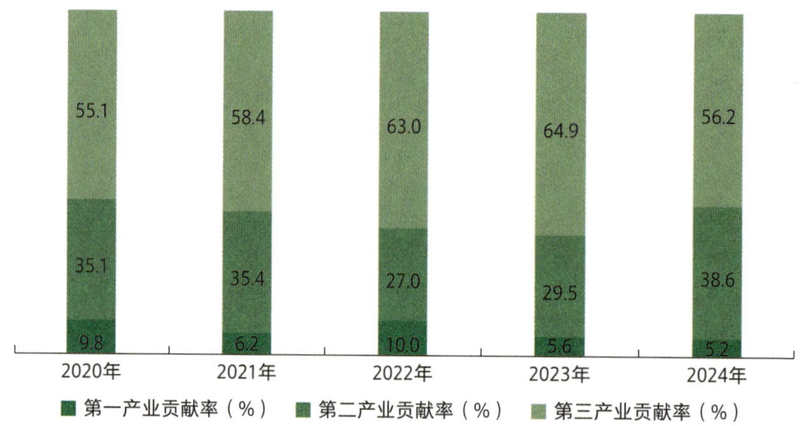

2020—2024 年中国三次产业对经济增长的贡献率

数据来源：国家统计局

◎ 城镇化率持续提升

城镇化率 **67.0%**

2024 年我国常住人口城镇化率达到 67.0%，较 2023 年提高 0.84 个百分点。

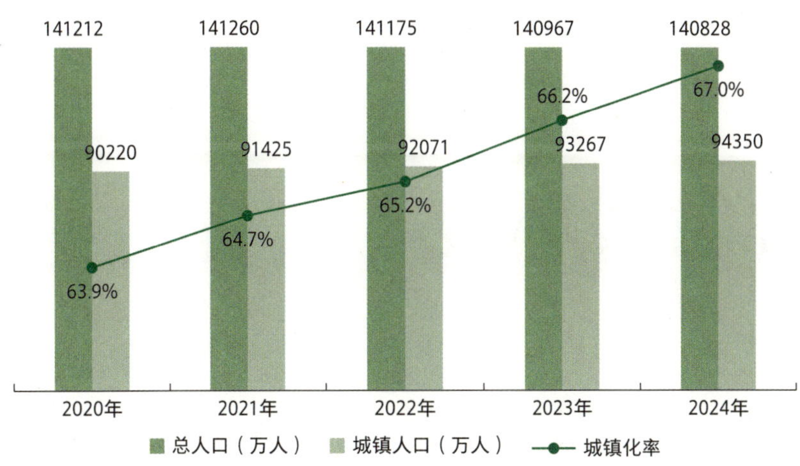

2020—2024 年中国人口增长及城镇化率

数据来源：国家统计局

2024 年，消费需求持续扩大，最终消费支出对中国经济增长贡献率达 44.5%，拉动国内生产总值增长 2.2 个百分点，较上年减少 2.4 个百分点；投资增长总体平稳，资本形成总额对经济增长的贡献率为 25.2%，拉动国内生产总值增长 1.3 个百分点，较上年减少 0.1 个百分点；净出口稳中有进，货物和服务净出口对经济增长的贡献率为 30.3%，拉动国内生产总值增长 1.5 个百分点，较上年增加 2.1 个百分点。

◎ 固定资产投资稳中有升

2024 年，全国固定资产投资（不含农户）达到 514374 亿元，比上年增长 3.2%，增速较上年降低 0.2 个百分点。高技术产业投资增长 8.0%，其中高技术制造业和高技术服务业投资较上年分别增长 7.0% 和 10.2%。社会领域投资下降 2.5%，其中卫生和社会工作、教育投资同比增速分别为 −9.4% 和 1.3%。

◎ 对外投资平稳发展

2024 年，我国全行业对外直接投资 11592.7 亿元人民币，较上年增长 11.3%。我国境内投资者共对全球 151 个国家和地区的非金融类直接投资 10244.5 亿元人民币，同比增长 11.7%（折合 1438.5 亿美元，增长 10.5%），其中对“一带一路”共建国家非金融类直接投资 336.9 亿美元，较上年增长 5.4%，占同期总额的 23.4%，高质量共建“一带一路”继续走深走实。

全国固定资产投资

↑3.2%

高技术产业投资

↑8.0%

对外直接投资额

↑11.3%

1.2
能源发展环境

1.2.1　能源供需形势

能源消费总量持续增长

能源消费总量持续增长。2024 年能源消费总量约 59.6 亿吨标准煤，同比增长 4.3%。其中，非化石能源消费快速增长，同比增长 15.3%，煤炭消费增长 1.7%，石油消费增长 0.7%，天然气消费增长 7.3%。能源消费结构中，煤炭消费占比 53.2%，比上年下降 1.6 个百分点；石油消费占比 18.2%，同比下降 0.6 个百分点；天然气消费占比为 8.8%，同比增长 0.3 个百分点；非化石能源消费占比 19.8%，同比增长 1.9 个百分点，清洁能源消费量占比 28.6%，上升 2.2 个百分点。

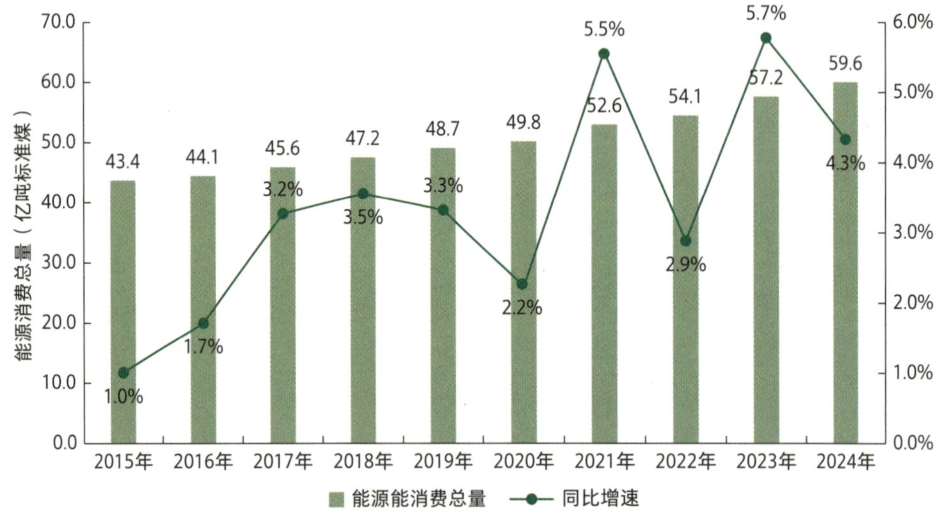

2015—2024 年能源消费总量及增速

数据来源：国家统计局

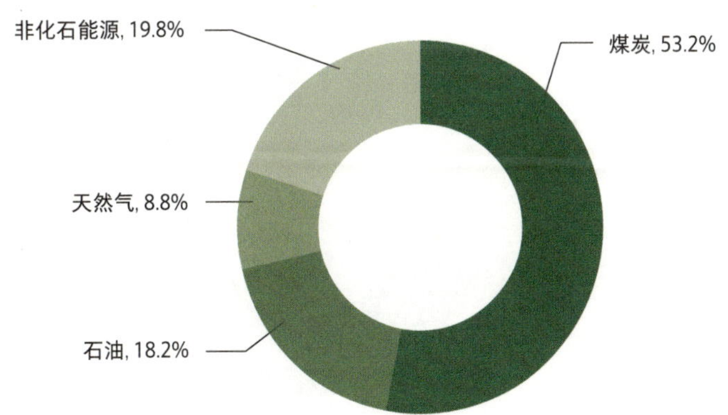

2024 年能源消费结构

数据来源：国家统计局、国家能源局及相关资料整理

能源保障能力进一步增强。2024 年，我国能源生产总量约 49.8 亿吨标准煤，同比增长 4.6%，能源自给率为 83.6%。其中原煤产量 47.8 亿吨，创历史新高，原油产量 2.1 亿吨，天然气产量 2464 亿立方米，连续七年增产超 100 亿立方米。非化石能源发电量达到 3.92 万亿千瓦时，同比增长 15.6%，其中风电、太阳能发电量合计 1.8 万亿千瓦时。能源生产结构中，煤炭、石油、天然气占比分别为 63.9%、6.1% 和 6.2%，非化石能源占比 23.8%。

能源保障能力进一步增强

能源生产总量

49.8%

同比增长

↑4.6%

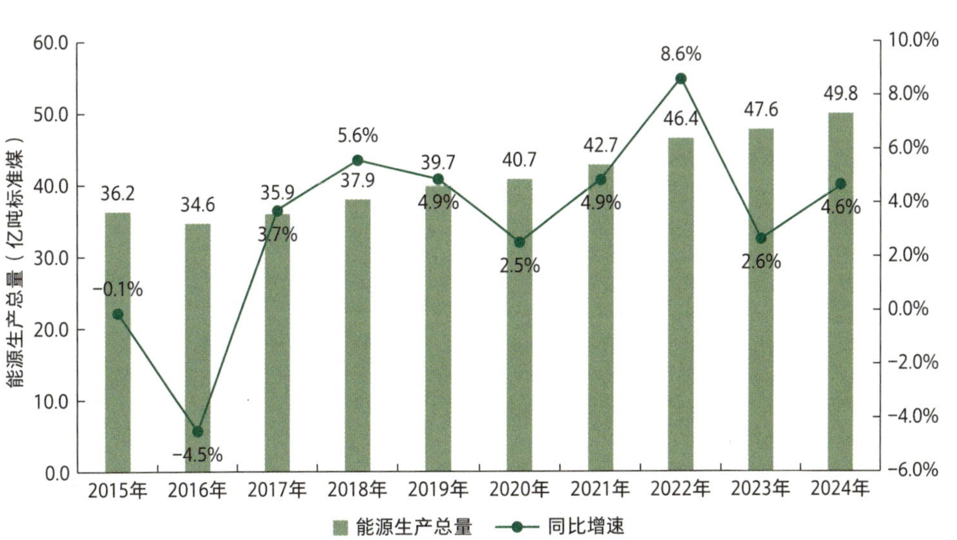

2015—2024 年能源生产总量及增速

数据来源：国家统计局

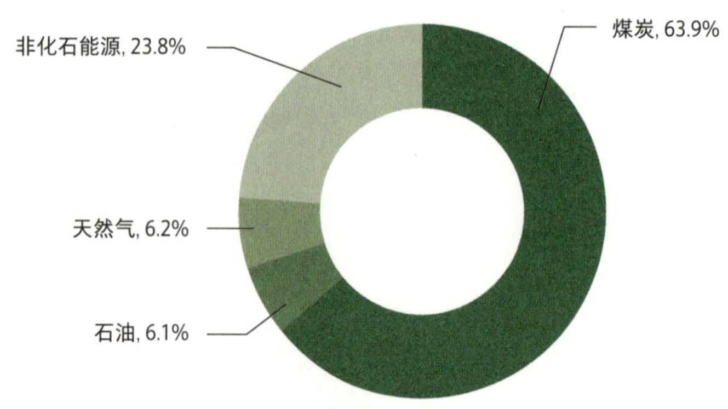

2024 年能源生产结构

数据来源：国家统计局、国家能源局及相关资料整理

2024 年，我国煤炭进口量为 5.4 亿吨，创历史新高，进口量同比增长 14.4%，与去年 61.8% 的超高增长相比，增速明显回落。原油进口量 5.5 亿吨，同比下降 1.9%。随着国内原油产量的稳步提升，2024 年我国石油对外依存度略有下降，达 73%。天然气进口量 1.3 亿吨，同比增长 9.9%。其中，管道天然气和 LNG 实现双增长，增速分别为 13.1% 和 7.7%。在全球天然气供应增长推动下，2024 年国际天然气市场供需形势较 2023 年有所改善，LNG 价格同比下降，价格走跌带动国内 LNG 现货采购量增长。

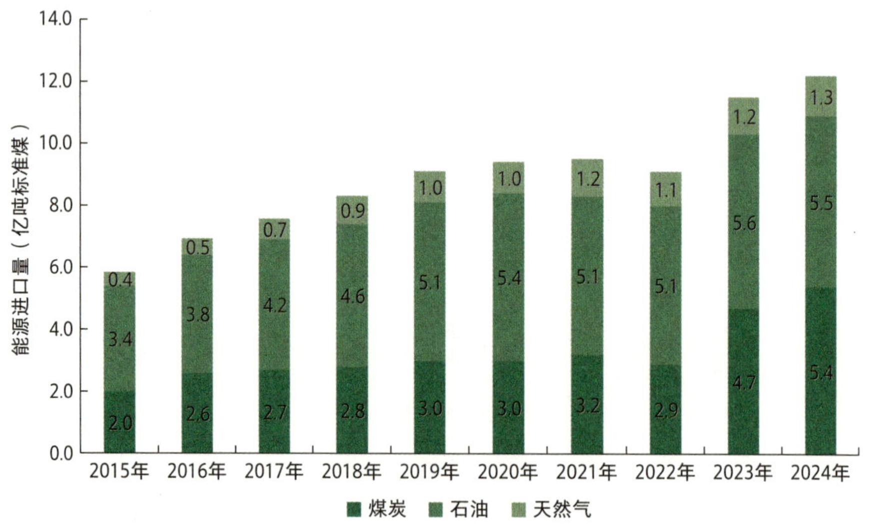

2015—2024 年能源进口量

数据来源：根据海关总署及行业相关数据整理

1.2.2 能源效率与环境

能源效率进一步提高

能源效率进一步提高。2024 年，扣除原料用能和非化石能源消费量后，全国万元国内生产总值能耗（按 2020 年可比价格计算）0.48 吨标准煤 / 万元，比上年下降 3.8%。重点耗能工业企业单位电石综合能耗下降 0.8%，单位合成氨综合能耗下降 1.2%，吨钢综合能耗上升 0.1%，单位电解铝综合能耗下降 0.2%，每千瓦时火力发电标准煤耗下降 0.2%。

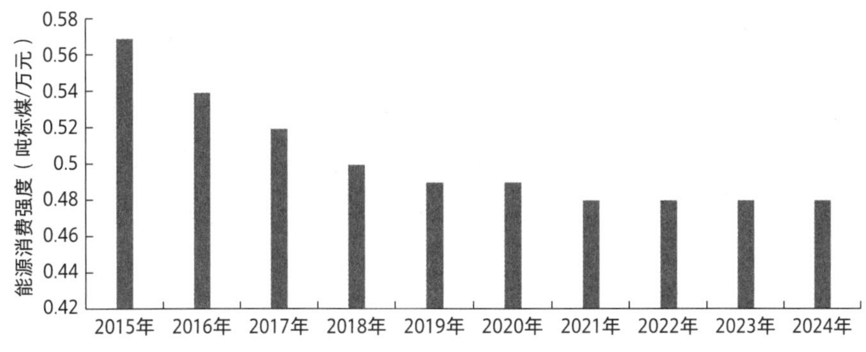

2015—2024 年单位 GDP 能耗（按 2020 年可比价格）

数据来源：国家统计局相关资料整理

碳排放强度持续下降。2024 年，二氧化碳排放强度维持下降趋势，全国万元国内生产总值二氧化碳排放同比下降 3.4%，降至约 0.89 吨 / 万元（按 2020 年可比价格）。

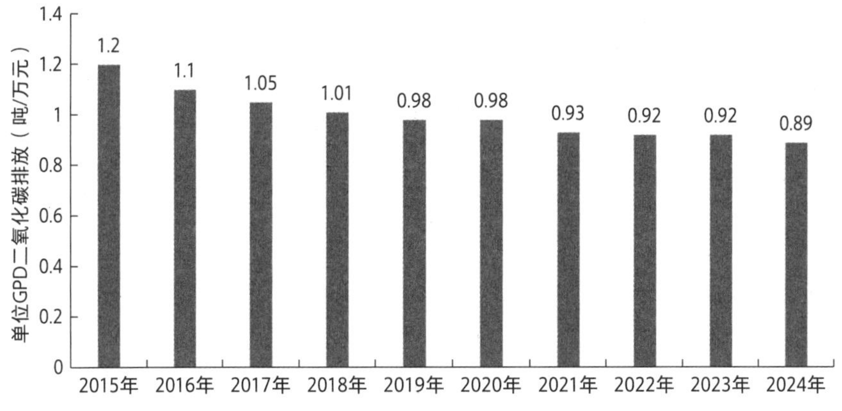

2015—2024 年碳排放强度（按 2020 年可比价格）

数据来源：国家统计局相关资料整理

1.3 新型电力系统建设

1.3.1 国家和地方新型电力系统建设相关政策

1. 国家层面

新型电力系统建设时间跨度长、涵盖领域广、涉及方面多，各发展阶段侧重点不同，需统筹推进实施。2023 年至今，国家发展改革委、国家能源局等部门陆续印发新型电力系统建设有关指导意见和行动方案，涵盖电力系统稳定、配电网高质量发展、电力系统调节能力等主要建设内容，明确重点任务，指明新型电力系统建设方向。

2023 年 9 月，国家发展改革委、国家能源局印发《关于加强新形势下电力系统稳定工作的指导意见》（发改能源〔2023〕1294 号），牢固树立管电就要管系统、管系统就要管稳定的工作理念，立足我国国情，坚持底线思维、问题导向，坚持系统观念、守正创新，坚持先立后破、远近结合，统筹发展和安全，做好新形势下电力系统稳定工作。

2024 年 1 月，国家发展改革委、国家能源局印发《关于加强电网调峰储能和智能化调度能力建设的指导意见》，要求统筹优化布局建设和用好电力系统调峰资源，推动电源侧、电网侧、负荷侧储能规模化高质量发展，建设灵活智能的电网调度体系，形成与新能源发展相适应的电力系统调节能力，支撑建设新型电力系统，促进能源清洁低碳转型，确保能源电力安全稳定供应。

2024 年 2 月，国家发展改革委、国家能源局印发《关于新形势下配电网高质量发展的指导意见》（发改能源〔2024〕187 号），要求紧扣新形势下电力保供和转型目标，有序扩大配电网投资，提高投资效益，协同推进配电网建设改造，系统推进配电网与源荷储科学融合发展，全面提升城乡配电网供电保障能力和综合承载能力，助力配电网高质量发展。

2024 年 7 月，国家发展改革委、国家能源局、国家数据局联合印发《加快构建新型电力系统行动方案（2024—2027 年）》（以下简称《行动方案》），围绕规划建设新型能源体系、加快构建新型电力系统的总目标，坚持清洁低碳、安全充裕、经济高效、供需协同、灵活智能的基本原则，聚焦近期新型电力系统建设亟待突破的关键领域，选取典型性代表性的方向开展探索，以先行先试为“小切口”，解决体制机制“大问题”，提升电网对清洁能源的接纳、配置、调控能力，推进新型电力系统建设取得实效。

加快构建新型电力系统行动方案（2024—2027年）

新型电力系统建设“四梁八柱”

一、电力系统稳定保障行动	二、大规模高比例新能源外送攻坚行动	三、配电网高质量发展行动
四、智慧化调度体系建设行动	五、新能源系统友好性能提升行动	六、新一代煤电升级行动
七、电力系统调节能力优化行动	八、电动汽车充电设施网络拓展行动	九、需求侧协同能力提升行动

2024 年 12 月，国家发展改革委、国家能源局印发《电力系统调节能力优化专项行动实施方案（2025—2027 年）》的通知，着力针对各地区新能源合理消纳利用要求，科学分析调节能力需求规模和特征，制定各类调节资源合理配置和优化组合方案，优化各类调节资源调用方式，优化电力系统调节能力，加快推进新型电力系统建设。

2025 年 3 月，国家发展改革委、国家能源局印发《关于加快推进虚拟电厂发展的指导意见》（发改能源〔2025〕357 号），加快提升虚拟电厂的发展规模和水平，充分发挥调节作用。到 2027 年，虚拟电厂建设运行管理机制成熟规范，参与电力市场的机制健全完善，全国虚拟电厂调节能力达到 2000 万千瓦以上。到 2030 年，虚拟电厂应用场景进一步拓展，各类商业模式创新发展，全国虚拟电厂调节能力达到 5000 万千瓦以上。

2025 年 4 月，国家发展改革委、国家能源局关于印发《新一代煤电升级专项行动实施方案（2025—2027 年）》的通知（发改能源〔2025〕363 号），提出坚持有序推进、因地制宜、厂网协同、试点先行的原则，在实施“三改联动”基础上，推动煤电在新型电力系统中更好发挥兜底保障和支撑调节作用，以新一代煤电发展促进传统产业转型升级。

2. 地方层面

全国各省（区、市）积极响应国家层面加快构建新型电力系统有关文件，围绕《行动方案》，结合各地实际情况、发展目标，制定相应政策，推动新型电力系统建设取得实效。

配电网高质量发展行动

江苏启动县（区）分布式光伏专项配电网规划，发布《县（区）分布式光伏专项配电网规划方案》模板，指导各县（区）根据分布式光伏的发展现状、资源情况、负荷水平和电网承载力，有针对性地制定接网消纳方案，有效引导县（区）提升配电网对分布式光伏的承载力，促进新能源高质量发展。

安徽省发展改革委、能源局印发实施《安徽省全面推动新形势下配电网高质量发展行动方案》，旨在加大全省配电网建设改造力度，全面提升城乡配电网供电保障能力和综合承载能力，系统推进配电网与源、荷、储科学融合发展，加快打造现代化高质量智慧配电网。

新能源系统友好性能提升行动

湖南省政府印发《湖南省促进绿色智能计算产业高质量发展若干政策措施》，推动算力、电力协同发展，鼓励算力设施运营机构参与省内电力交易，支持绿色智能计算产业相关企业、项目所在园区开发建设分布式光伏等新能源和用户侧储能，降低用电成本。

电力系统调节能力优化行动

四川省发展改革委、能源局印发《关于促进新型储能积极健康发展的通知》（川发改能源〔2024〕665 号），充分发挥新型储能功能作用，促进新能源消纳，提升电力系统调节能力，推动源、网、荷、储一体化发展，支撑构建新型电力系统。

宁夏回族自治区发展改革委发布《自治区发展改革委关于促进储能健康发展的通知》，主要包括优化储能项目布局、优化储能项目管理、严格执行弃电优先控制、提升容量租赁比例、完善电力市场机制、完善储能结算机制、落实储能生产安全责任等七方面内容。

上海市发展改革委、上海市经信委、上海市财政局联合印发《上海市新型电力系统调节能力奖励资金管理办法》，奖励对象包括虚拟电厂资源聚合平台、电动汽车充放电（V2G）调节能力和新型储能。对于虚拟电厂资源聚合平台，将根据调节能力给予 50 元 / 千瓦 · 年奖励，每个平台奖励上限 150 万元 / 年，奖励期 3 年。

江西省发展改革委印发《关于支持独立储能健康有序发展的通知》，明确了独立储能市场主体地位，鼓励独立储能参与市场，强调独立储能项目全年调度充放电次数原则上不低于 350 次。文件进一步对独立储能价格机制作出规定，明确独立储能电站向电网送电的相应充电电量不承担输配电价和政府性基金及附加。

电动汽车充电设施网络拓展行动

重庆市经信委、发展改革委、能源局等部门联合印发《重庆市新能源汽车与电网融合互动工作方案》（渝经信发〔2024〕86 号），提出加强车网融合推广、完善电价及市场化机制、提升车网融合互动水平等 6 方面重点任务，到 2030 年，新能源汽车力争为电力系统提供 10 万千瓦级双向灵活调节能力。

上海市政府发布《上海市推动电动汽车充电基础设施高质量发展工作方案》（沪发改能源〔2024〕21 号）等一系列重要文件，在充电桩销售环节建立智能充电桩认证机制，建立智能化充电设施标准体系，明确设施智能化改造、信息接入、有序控制等功能要求，有效助力有序充电推广应用，提高充电设施接入能力。

需求侧协同能力提升行动

广东省能源局、国家能源局南方监管局印发《广东省虚拟电厂参与电力市场交易实施方案》，建立健全虚拟电厂参与电力市场交易机制，加快推动虚拟电厂参与电力市场交易，助力新型电力系统和新型能源体系建设。

安徽省能源局印发实施《安徽省虚拟电厂高质量发展工作方案》，按照“政策引导、分步推进、市场驱动、改革创新”的原则，以保障能源安全供应、促进新能源消纳为第一要务，聚焦虚拟电厂发展亟待突破的关键领域，建立和完善虚拟电厂发展长效机制，推动虚拟电厂规范化、规模化、常态化、市场化、智能化发展，促进“源网荷储”高效互动。

山东省发展改革委、山东省能源局、国家能源局山东监管办联合印发《关于推动虚拟电厂试验示范工作高质量发展的通知》。文件明确试验示范项目成效认定标准，对符合条件的试验示范项目给予政策支持，鼓励虚拟电厂按照规则参与各类市场交易，加快虚拟电厂服务机构建设，引导虚拟电厂试验示范项目与需求侧响应制度相衔接，推动虚拟电厂规范化、常态化、规模化、市场化发展。

云南省能源局印发《云南省电力需求响应方案》，文件要求形成年度最高用电负荷 5% 的需求响应能力，建立备用容量补偿机制，明确虚拟电厂市场主体地位，同时取消电压等级限制，所有用户均可由负荷聚合商或虚拟电厂代理参与响应，充分发挥市场机制调节电力供需平衡的重要作用，促进源网荷储友好互动。

1.3.2 新型电力系统建设典型场景

电源侧

传统电源改造升级。

2024 年新疆维吾尔自治区完成 34 台煤电机组灵活性改造，新增改造规模 1245.5 万千瓦，在全国处于领先水平。新疆通过煤电机组灵活性改造增强调节能力，推动煤电向基础保障性和系统调节性电源转型，有效支撑新能源发电占比的快速提升，满足电力系统动态调节需求。

新能源友好性能持续提升。

2024 年 3 月，乌兰察布新一代电网友好绿色电站示范项目二期、三期并网发电。6 月，电站 4 个风光储单元以一体化调度运行模式投入运行。示范项目是全国首个储能配置规模达到千兆瓦时的新能源场站。通过“高比例储能”和“智慧化调控”实现风光储一体化可测、可控、可调等电网友好功能，提高新能源安全可靠替代水平。

电网侧

开展新增输电通道先进技术应用。

2024 年 7 月，甘电入浙工程开工建设，首次在送受端均采用我国自主研发的特高压柔性直流技术，攻克大容量柔直换流变、高比例新能源并网等关键技术，大幅提升大电网对新能源的接纳能力，项目建成后输送的电量中一半以上是新能源电量。

推动清洁能源大范围优化配置。

2024 年 10 月，张北—胜利 1000 千伏特高压交流工程投运，工程将锡盟和张家口两大清洁能源基地由单链式通道送出升级为特高压环网联合送出，有助于完善华北特高压送端主网架结构，提高内蒙古和冀北清洁能源基地外送能力。

2024 年 12 月，川渝 1000 千伏特高压交流工程投运，标志着我国西南电网的主网架电压等级从 500 千伏提升到 1000 千伏，工程将满足川西等地清洁能源多元开发和送出需要，提升川渝电网跨省跨区互联互济能力，保障西南地区电力可靠供应。

2025 年 5 月，陇东—山东 ±800 千伏特高压直流工程投运，标志着我国首个“风光火储一体化”大型综合能源基地外送工程建成。工程配套电源 1450 万千瓦，新能源 1050 万千瓦，储能 105 万千瓦，通过风、光、火电打捆外送实现多能互补。工程的投运缓解了华北地区能源短缺与西部资源富集的矛盾，对于推动能源转型、助力区域协调发展具有重要意义。

优化加强电网主网架。

2024 年 11 月，南昌—武汉 1000 千伏特高压交流工程投运，标志着华中地区“日”字形特高压交流环网正式建成，可有效提升华中电网省间电力交换能力 470 万千瓦，对保障电网安全稳定运行和清洁电力大规模输送具有重要支撑作用。

探索分布式微电网。

内蒙古在阿拉善盟额济纳旗构建了可以并 / 离网无缝切换及离网安全稳定运行的广域纯新能源电力系统，包含 2.5 万千瓦 /1 小时构网型储能、11 万千瓦新能源场站。2024 年 10 月，系统以构网型储能作为支撑电源成功离网，为额济纳全域 11.46 万公里内 3 万多客户提供了离网绿电供应 14.58 小时，离网系统实际最大供电负荷 1.86 万千瓦，供电量 18.96 万千瓦时。

2024 年 10 月，广东江门漭洲岛绿色微电网项目投产，岛上用电实现从柴油发电到绿色能源 24 小时供电的跨越性转变。项目为光储一体的独立性微电网，包括约 65 千瓦光伏发电设备和 300 千瓦时配套储能装置，是因地制宜探索建设一批分布式微网、促进新能源就地供电和消纳的有益实践。

提升省间灵活互济能力。

2025 年 5 月，贵州黔东电厂、二郎电厂首次成功转送贵州电网，标志着贵州、湖南、重庆三省市首次实现电力灵活转网互济。今后，黔东电厂，可同时向贵州、湖南电网供电，二郎电厂可同时向贵州、重庆电网供电。迎峰度冬期间，黔东电厂、二郎电厂可实现灵活送电贵州，最大送电能力可达 252 万千瓦，有效缓解贵州保供压力。

负荷侧

提升虚拟电厂资源聚合水平。

2024 年，湖北武汉、黄石等地市 31 家虚拟电厂接入国家电网湖北电力虚拟电厂调控一体化平台，截至 8 月接入资源总量达到 2023.7 万千瓦，涵盖光伏、储能、工业园区用能、大型商超用能、社会空调用能、5G 基站及新能源汽车充电站等可调节资源 150 万千瓦，有效提升了湖北电网的供需协同水平。

2025 年 1 月，我国首个百万千瓦级居民虚拟电厂在江苏启动建设，项目依托新型电力负荷管理系统，将分散家用电器聚合在虚拟能量池中，配合新能源发电特性开展灵活调节，通过多元化激励模式引导用电设备主动参与错峰、避峰用电，有效提升供需协同水平。

加强电动汽车与电网融合互动。

2025 年春节期间，广东组织开展大规模车网互动响应活动，共引导 25 万辆新能源汽车参与，增加午间最大充电负荷 21 万千瓦，累计响应电量 322 万千瓦时，有效缓解春节期间系统调峰困难，实现“车、桩、网”三方共赢。

储能侧

科学有序开发建设抽水蓄能。

2024 年 12 月，世界装机容量最大抽水蓄能电站——河北丰宁抽水蓄能电站全面投产发电，丰宁抽水蓄能电站位于河北省承德市丰宁满族自治县，紧邻京津冀负荷中心和冀北千万千瓦级新能源基地。电站总装机容量 360 万千瓦，是当前世界上装机容量最大的抽水蓄能电站。共安装 12 台单机容量 30 万千瓦的抽水蓄能机组，其中 10 台是定速机组，2 台为国内首次引进的大型变速抽水蓄能机组。电站配合张北柔性直流电网，成为京津冀地区电网安全运行的稳定器、调节器。

探索建设多种技术路线储能电站。

2024 年 6 月，大唐湖北潜江 50 兆瓦 /100 兆瓦时钠离子储能电站正式投运，标志着钠离子新型储能技术在全球首次实现大规模商业化应用。项目突破了大容量钠离子电池储能技术和工艺难题，关键核心技术装备 100% 国产化，在核心材料、系统集成、安全防控等方面具有完全自主知识产权，项目入选国家能源局 2024 年度能源行业十大科技创新成果。

2024 年 12 月，我国严寒地区首套百兆瓦级全钒液流电池共享储能电站——吉林松原乾安中卉玉字储能电站正式投产。该电站是国家能源局新型储能试点示范项目，装机容量为 100 兆瓦 /400 兆瓦时，预计每年可消纳新能源电量约 3 亿千瓦时。

2025 年 1 月，全球首座 300 兆瓦压缩空气储能电站在湖北应城并网发电，项目实现关键核心装备 100% 国产化，可有效提升系统层面电力保供能力和电网安全稳定运行水平，为压气储能规模化工程化应用提供关键支撑。

2025 年 3 月，云南文山丘北电网侧 200 兆瓦 /400 兆瓦时独立电池储能项目全容量并网。项目属于国家能源局 56 个新型储能试点示范项目之一，是目前全国最大的构网型锂 + 钠混合技术路线电池储能电站，其中锂电池 180 兆瓦 /360 兆瓦时，钠电池 20 兆瓦 /140 兆瓦时。电站提供并网及离网双重运行方式，重点解决系统惯性减小、强度变弱的问题，可有效提高区域电力系统稳定性。

2025 年 3 月，全国首个集成四类新型储能技术的共享储能电站——山东蓬莱共享储能电站并网发电，电站深度融合磷酸铁锂、钠离子、全钒液流、飞轮四类新型储能技术路线，总容量 101 兆瓦 /205 兆瓦时，其中磁悬浮飞轮储能系统容量 12 兆瓦 /3 兆瓦时，是世界单体最大的磁悬浮飞轮机组。电站实现了多种储能技术路线的协同创新，是新型储能技术集成应用领域的有益探索。

不断提升新型储能电站对系统支撑能力。

2024 年 10 月，西藏自治区阿里大唐 60 兆瓦 /300 兆瓦时独立构网型储能电站投运，作为全球首个超高海拔、超低温度、极弱电网的新型储能项目，对于提升新能源消纳能力、保障阿里电网可靠稳定运行、推动西藏阿里地区能源转型和可持续发展具有重要意义。2024 年以来，西藏 4 座储能电站转构网运行，为西藏弱电力系统大规模高比例的新能源接入提供有效的电压、频率支撑。

2025 年 2 月，宁夏腾格里“沙戈荒”新能源基地孟家湾 295 兆瓦 /590 兆瓦时储能电站成功并网，电站具备快速调频调压、增加系统惯量、提升短路比、主动平抑电网扰动等稳定支撑效果，可大幅增强新能源接入电力系统的稳定性。

1.3.3 核心技术与重大装备应用创新

深远海漂浮式风电关键技术取得重大突破。

清洁安全高效发电技术装备领域

2024 年 12 月，全球单体容量最大的漂浮式海上风电平台“明阳天成号”正式投运，该项目为全球首次在一个浮式基础上搭载两台 8.3 兆瓦海上风机，总装机容量达到 16.6 兆瓦，是全球单体容量最大的双转子漂浮式风机，也是国家“十四五”能源科技创新攻关项目。项目采用全球领先的漂浮式技术和抗台风设计，能够适应高达 17 级台风的极端海况，同时具有全球单机容量最大、单兆瓦重量最轻、抗台风能力强等特点，将拓展全球海上风电开发规模，促进海上资源开发与应用。

三代核电蒸汽发生器设备研制跻身世界前列。

2024 年 10 月，哈电集团承制的“华龙一号”HL-T67 型核电机组蒸汽发生器顺利发运。蒸汽发生器是压水堆核电厂反应堆冷却剂系统的核心设备之一，能够将堆芯产生的热量转化为蒸汽用于发电，在运行过程中承担着“产汽”“放射性包容”“导出堆芯余热”的重要功能，被称为“核电之肺”。“华龙一号”蒸汽发生器我国具有完全自主知识产权，应用管板镍基合金堆焊等关键技术，使我国在三代核电技术领域跻身世界前列。

自主研制 300 兆瓦级 F 级重型燃气轮机完成点火试验。

2024 年 10 月，我国自主研制的 300 兆瓦级 F 级重型燃气轮机在上海临港首次点火成功，标志着我国大功率重型燃气轮机首次走完基于正向设计的制造全过程，全面进入整机试验验证阶段。300 兆瓦级 F 级重型燃气轮机是我国首次自主研制的最大功率、最高技术等级重型燃气轮机，技术指标与国际主流 F 级重型燃气轮机基本相当。采用的新技术、新材料、新工艺对我国燃气轮机基础学科进步、产业技术发展有显著的带动辐射作用，对保障我国能源安全和绿色发展具有重要意义。

煤电机组大比例掺氨燃烧技术领先国际。

我国已实现煤电机组 25%～35% 大比例掺氨燃烧，两类技术路线掺氨单独燃烧和预混燃烧均通过工程试验验证。掺氨单独燃烧技术路线方面，皖能集团自 2022 年至今，在 300 兆瓦燃煤机组上开展了多次工程验证，氨气由锅炉内加装的 8 个纯氨燃烧器喷入炉膛燃烧，30% 负荷下掺烧比例达到 35%、100% 负荷下掺烧比例大于 10%，氨燃尽率均达 99.99%，机组氮氧化物排放水平与改造前相当。掺氨预混燃烧技术路线方面，液氨气化后与煤粉混合，再由锅炉中加装的气固两相燃烧器喷入炉膛燃烧。国家能源集团 2022 年初完成 40 兆瓦燃煤工业锅炉掺氨燃烧中试，掺氨比例达到 35%，2023 年完成 600 兆瓦燃煤发电机组高负荷工况掺氨试验，氨燃尽率达到 99.99%，氮氧化物排放浓度不增加。

兆瓦级纯氢燃气轮机研制取得重大突破。

2024 年 6 月，由国家电投北京重燃牵头实施的国内首台兆瓦级纯氢燃气轮机成功完成试验验证。项目在攻克纯氢燃烧易回火、燃烧脉动高、NOx 排放高等关键难点的基础上，形成了具有完全自主知识产权的微预混纯氢燃烧技术、氢燃机安全运行控制技术、燃料系统设计等核心技术。通过整机试验验证了自主研制的燃烧系统、控制与保护系统、氢安全监测系统的有效性和可靠性。

2024 年 12 月，全球首台 30 兆瓦级纯氢燃气轮机阳明“木星一号”整机试验首次点火成功，纯氢点火试验取得预期效果。2025 年 3 月，“木星一号”完成整机全速空载测试。测试结果表明，“木星一号”在 100% 纯氢燃料模式下运行稳定，燃烧效率、NOx 排放控制、热声振荡、部件匹配等核心技术参数和性能指标均达到设计要求。

先进灵活高效输配电技术装备领域

柔性直流换流阀装备研制取得新突破。

2025 年 2 月，南方电网超高压公司牵头研发的世界首套基于 6.5kV/3kA IGBT（绝缘栅双极型晶体管）的柔性直流换流阀装备，顺利通过新产品技术鉴定。新研制的柔性直流换流阀在节约用地和节能降耗方面具有显著优势，相比于 4.5kV/3kA IGBT 的柔直换流阀，功率密度提升约 27.8%，单桥臂单塔占地面积减少约 18.6%，损耗降低 23%，使柔直换流阀更加紧凑，对于西部沙戈荒大型风光基地和东部海上风电集约化开发，解决新能源远距离输送难题具有重要意义。

规模化、高安全性储能技术装备领域

变速抽水蓄能机组自主研制取得重大突破。

2024 年 8 月，国家能源局能源领域首台（套）重大技术装备项目——300 兆瓦级变速抽水蓄能发电电动机 1:1 转子，在东方电气集团旗下东方电机顺利通过飞逸试验，动态稳定性、可靠性得到充分验证，为我国变速抽水蓄能机组研制应用奠定坚实基础。

压缩空气储能地下人工硐室储气系统掌握关键技术。

2024 年 11 月，“基于硬岩人工硐室的 300MW 级压缩空气储能系统”入选国家第四批能源领域首台（套）重大技术装备，在地下人工硐室储气系统选址选型、设计建造、运行维护等领域掌握关键技术。

大容量压缩二氧化碳储能关键技术取得突破。

2024 年 11 月，“基于气液两态互转技术的大容量压缩二氧化碳储能系统”入选国家第四批能源领域首台（套）重大技术装备，在高效大功率二氧化碳气态液态互转、两态协同储能热力循环系统集成优化、大规模柔性储气库设计制造等关键技术装备领域取得突破。

1.3.4 配套政策与体制机制创新

2024 年 2 月，国家发展改革委、国家能源局联合出台《关于建立健全电力辅助服务市场价格机制的通知》（发改价格〔2024〕196 号），强调适应新型电力系统发展需要，持续推进电力辅助服务市场建设，加强电力辅助服务市场与中长期市场、现货市场等统筹衔接，科学确定辅助服务市场需求，合理设置有偿辅助服务品种，规范辅助服务计价等市场规则，按照“谁服务、谁获利，谁受益、谁承担”的总体原则，不断完善辅助服务价格形成机制，推动辅助服务费用规范有序传导分担。政策有利于充分调动灵活调节资源主动参与系统调节积极性，提升电力系统综合调节能力，保障电能质量和电力系统安全稳定运行、促进新能源消纳，助力加快构建新型电力系统。

2025 年 1 月，国家发展改革委、国家能源局联合出台《关于深化新能源上网电价市场化改革 促进新能源高质量发展的通知》（发改价格〔2025〕136 号），强调按照价格市场形成、责任公平承担、区分存量增量、政策统筹协调的要求，深化新能源上网电价市场化改革，推动新能源上网电量全面进入电力市场、通过市场交易形成价格，完善适应新能源发展的市场交易和价格机制，推动新能源公平参与市场交易，区分存量项目和增量项目，建立新能源可持续发展价格结算机制，保持存量项目政策衔接，稳定增量项目收益预期，行业管理、价格机制、绿色能源消费等政策协同发力，完善电力市场体系，更好支撑新能源发展规划目标实现。政策出台后，构建了 80% 发电装机、80% 发电量、80% 销售电量进入电力市场的“3 个 80%”格局，是近年来电价机制改革的重要里程碑之一，有利于充分发挥市场在资源配置中的决定性作用，大力推动新能源高质量发展，助力新型电力系统加快构建。

2025 年 5 月，国家发展改革委、国家能源局联合出台《关于有序推动绿电直连发展有关事项的通知》（发改能源〔2025〕650 号），明确绿电直连的定义内涵，强化绿电直连项目规划引导，在项目建设上对存量负荷、新增负荷、出口外向型企业及新能源消纳受限等情况分类规范，鼓励模式创新，明确主责单位、投资主体及源荷关系，规范自发自用、上网电量比例指标，从安全管理、调度运行、责权界面等方面提出要求，鼓励绿电直连项目提升系统友好性能，在市场交易方面明确绿电直连项目作为整体参与市场，在价格结算机制方面明确项目应合理缴纳相关费用。政策以制度创新破解绿色用能需求和新能源就近就地消纳的难题，有利于推动能源电力生产供给由集中开发、大范围统一输配，向本地自平衡和跨省区资源配置并重转变。

2　需求分析

Demand Analysis

2.1
2024 年概况

2.1.1 全国用电量

国民经济稳步发展带动全社会用电量持续增长

全社会用电量
↑6.8%

2024 年，我国全年经济社会发展主要目标任务顺利完成，经济发展结构向优、动能向新，中国经济沿着高质量发展航道稳健前行，带动用电量稳步增长，全社会用电量达到 9.85 万亿千瓦时，较上年增长 6283 亿千瓦时，实现 6.8% 的快速增长，增速较上年提高 0.1 个百分点。分季度看，第一季度，气温明显偏低推升采暖用电，居民生活用电增速显著提高；第二季度，以“新三样”为代表的新质生产力快速增长，二产成为拉动全社会用电增长的主要动力；第三季度，夏季全国平均气温较常年同期偏高，拉动居民生活用电显著增加；第四季度，制造业生产保持稳中有进的态势，二产仍是拉动全社会用电增长的主要动力。一、二、三、四季度全社会用电量同比增速分别为 9.8%、6.5%、7.6% 和 3.6%。

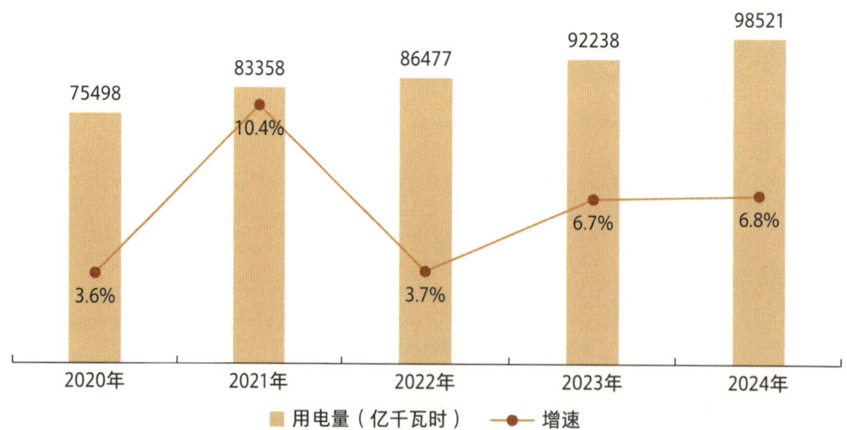

2020—2024 年全社会用电量

数据来源：《电力工业统计资料汇编（2020—2023）》《2024 年全国电力工业统计快报》

2024年，用电结构持续优化，一产、二产、三产与居民用电比重为1.4：64.8：18.6：15.2。我国经济稳步回升向好，制造业新旧动能加速转换，高技术及装备制造业快速发展，服务业持续增长，二产、三产支撑全社会用电稳步增长，第二产业用电比重下降1.0个百分点，第三产业用电比重提升0.5个百分点，居民生活用电比重提升0.5个百分点。

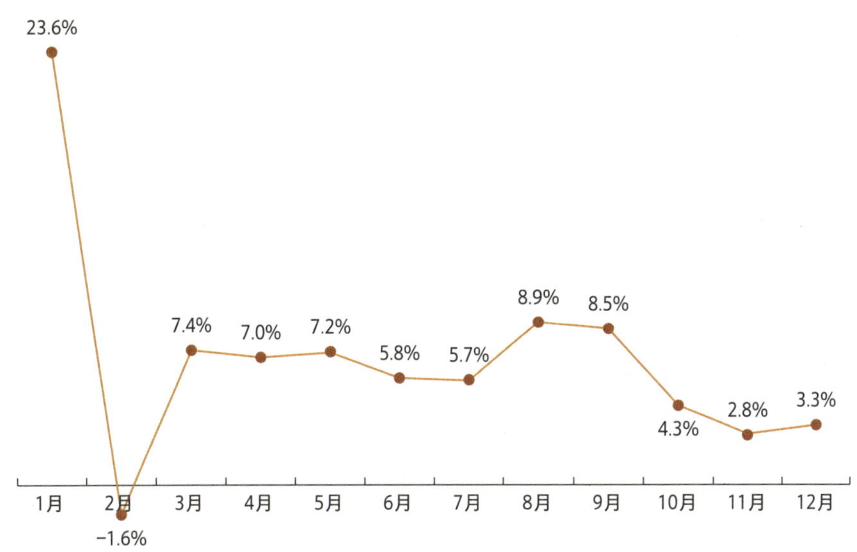

2024年全社会逐月用电增速

数据来源：《2024年全国电力工业统计快报》

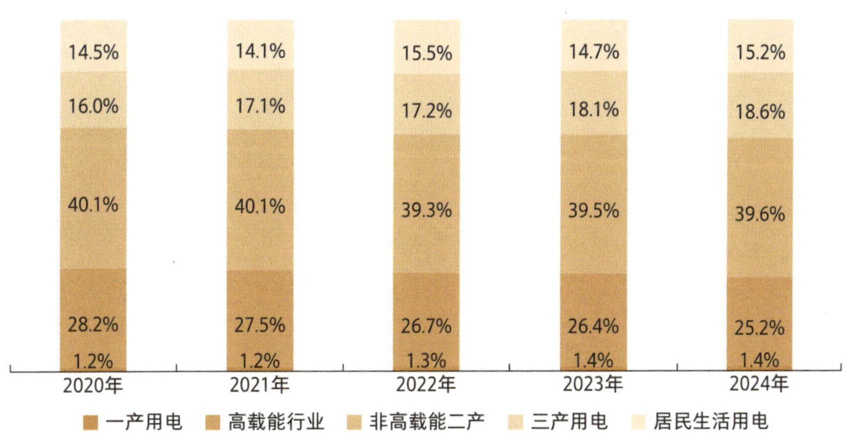

2020—2024年全社会用电结构

数据来源：《电力工业统计资料汇编（2020—2023）》《2024年全国电力工业统计快报》

2.1.2 分行业用电量

二产、三产支撑全社会用电稳步增长

第二产业用电对全社会用电增长贡献率
49.7%

第三产业用电对全社会用电增长贡献率
26.3%

居民用电对全社会用电增长贡献率
22.7%

第一产业用电
↑6.3%

2024 年，我国第一产业用电 1357 亿千瓦时，较上年增长 79 亿千瓦时，同比增长 6.3%，较上年同期增速下降 5.2 个百分点。第二产业用电 63874 亿千瓦时，较上年增长 3129 亿千瓦时，同比增长 5.1%，较上年同期增速下降 1.4 个百分点，对全社会用电量增长的贡献率为 49.7%。第三产业用电 18348 亿千瓦时，较上年增长 1654 亿千瓦时，同比增长 9.9%，较上年同期增速下降 2.3 个百分点，对全社会用电量增长的贡献率为 26.3%。居民生活用电 14942 亿千瓦时，较上年增长 1418 亿千瓦时，同比增长 10.6%，较上年同期增速提升 9.7 个百分点，对全社会用电量增长的贡献率为 22.7%。

1. 第一产业用电

2024 年，第一产业用电量一至四季度同比增速分别为 9.7%、8.0%、4.1% 和 4.4%，全年用电量同比增长 6.3%，增速较上年同期下降 5.2 个百分点，对全社会用电增长的贡献为 1.3%。

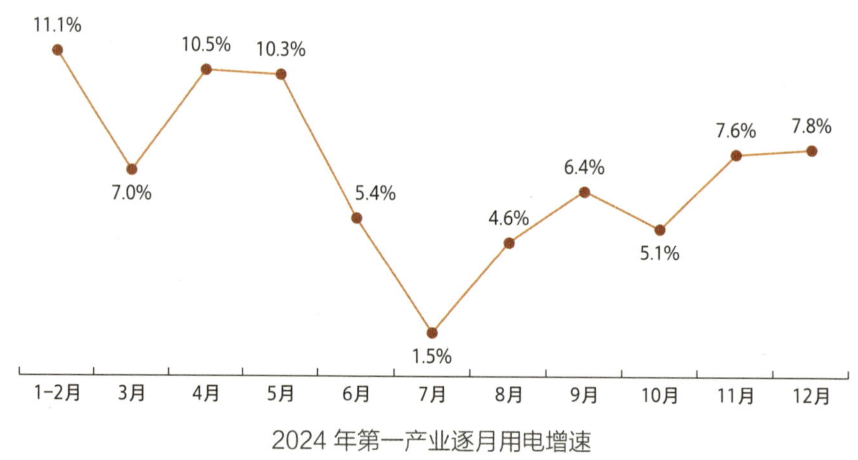

2024 年第一产业逐月用电增速

数据来源：《2024 年全国电力工业统计快报》

2. 高载能行业用电

高载能行业用电
↑2.3%

2024 年，受地产投资持续探底、基建投资放缓等影响，钢铁、水泥等需求支撑不足，钢铁行业、建材行业用电量均同比下降。而有色行业、化工行业在政策和技术的推动下仍保持较强韧性和发展活力，用电量均同比上升，带动高载能行业用电同比增速达到 2.3%，较上年降低 3.0 个百分点，对全社会用电增长的贡献率为 8.8%，较上年降低 12.3 个百分点。分季度看，高载能行业用电量一至四季度同比增速分别为 3.4%、4.5%、1.1% 和 0.2%。

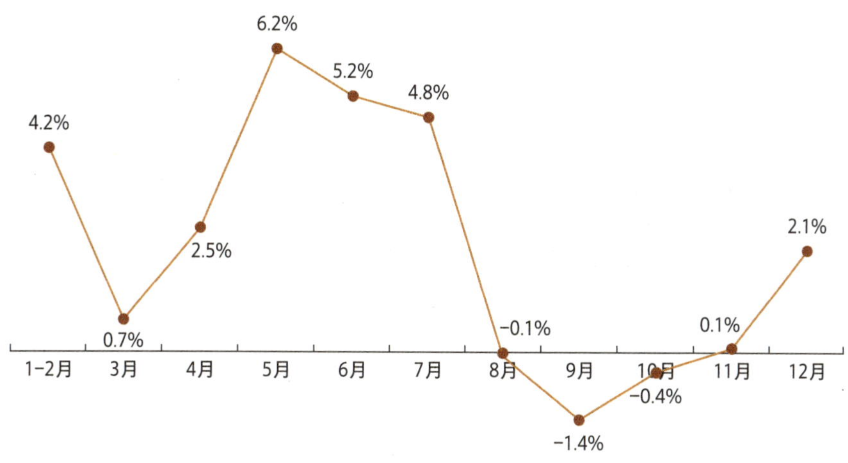

2024 年高载能行业逐月用电增速

数据来源：《2024 年全国电力工业统计快报》

◎ 钢铁行业用电

钢铁行业用电
↓1.0%

2024 年，国内经济平稳运行，房地产行业调控政策不断释放，带动钢材需求季节性回升。但房地产投资下行趋势仍未逆转，导致钢铁需求支撑不足，钢材市场恢复不及预期，叠加产能过剩因素影响产品价格持续低迷，利润收缩驱动产量下降，钢铁行业用电量 6310 亿千瓦时，较上年减少 62 亿千瓦时。一至四季度钢铁行业用电量同比增速分别为 -1.6%、1.7%、-2.8% 和 -1.0%；全年用电同比下降 1.0%，增速较上年降低 6.0 个百分点。

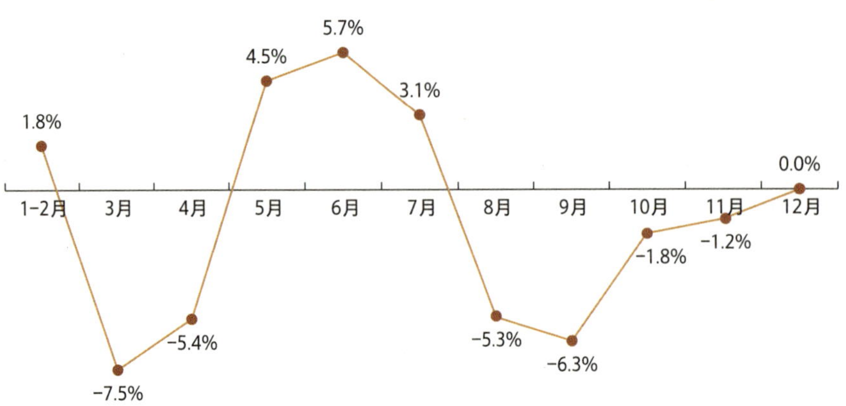

2024 年钢铁行业逐月用电增速

数据来源：《2024 年全国电力工业统计快报》

◎ 有色行业用电

有色行业用电

↑4.3%

2024 年，有色金属行业面对宏观经济下行压力仍保持较强韧性和发展活力。“新三样”成为拉动有色金属消费需求增长的主要动力，弥补了有色金属在房地产领域消费的下降；电解铝供给侧结构性改革的成功、“天花板”产能的设置、电解铝总量的控制，使电解铝产业成为有色金属行业经济效益增长的主要动力；“两新”等多项政策的出台，进一步提振有色金属市场需求、带动有色金属工业增长、推动再生有色金属产业发展，有色行业用电量 8263 亿千瓦时，较去年增加 340 亿千瓦时。一至四季度有色行业用电量同比增速分别为 5.4%、6.1%、4.6% 和 1.2%；全年有色行业用电量同比增长 4.3%，增速较上年下降 1.2 个百分点。

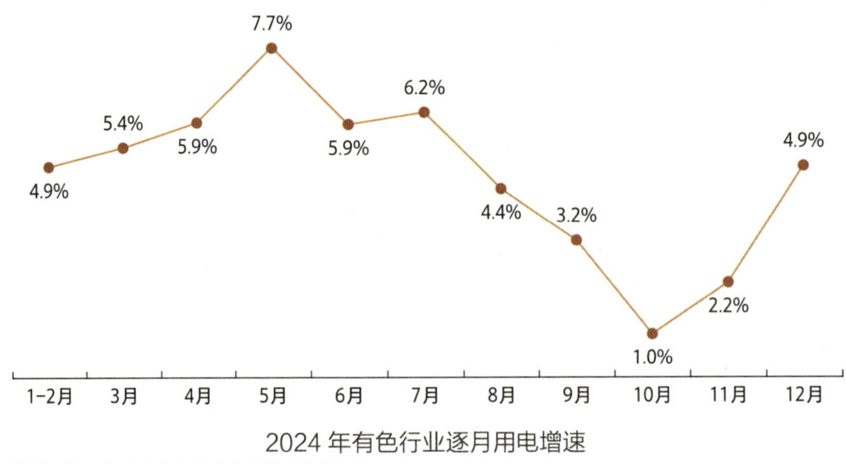

2024 年有色行业逐月用电增速

数据来源：《2024 年全国电力工业统计快报》

◎ 建材行业用电

2024 年，受地产投资持续探底、基建投资放缓等影响，水泥需求持续下滑，供需矛盾进一步加剧，加之市场竞争保持激烈，水泥价格低位运行，建材行业需求有所下降，建材行业用电量 4198 亿千瓦时，较上年减少 100 亿千瓦时。一至四季度建材行业用电量同比增速分别为 3.7%、-0.1%、-5.2% 和 -6.5%；全年用电量同比降低 2.4%，增速较上年下降 9.5 个百分点。

建材行业用电

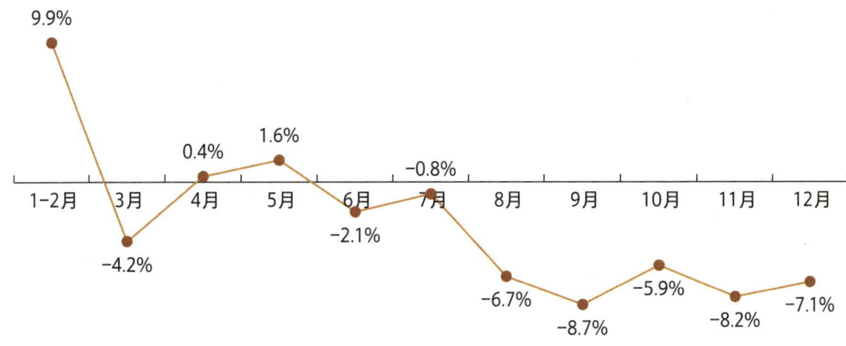

2024 年建材行业逐月用电增速

数据来源：《2024 年全国电力工业统计快报》

◎ 化工行业用电

2024 年，以新能源、新材料为代表的高成长板块在政策和技术推动下展现出强劲的增长势头，新能源汽车产业链的快速扩张为锂电池材料带来了显著需求增长，光伏产业的高速发展进一步放大了高性能材料的市场空间。另一方面，部分传统基础化工品则受制于国际竞争、成本压力和需求疲弱，表现持续低迷，化工行业用电量 538 亿千瓦时，较去年增加 31 亿千瓦时。一至四季度化工行业用电量同比增速分别为 6.1%、9.2%、5.6% 和 5.3%；全年用电量同比增长 6.5%，增速较上年增加 2.5 个百分点。

化工行业用电

↑6.5%

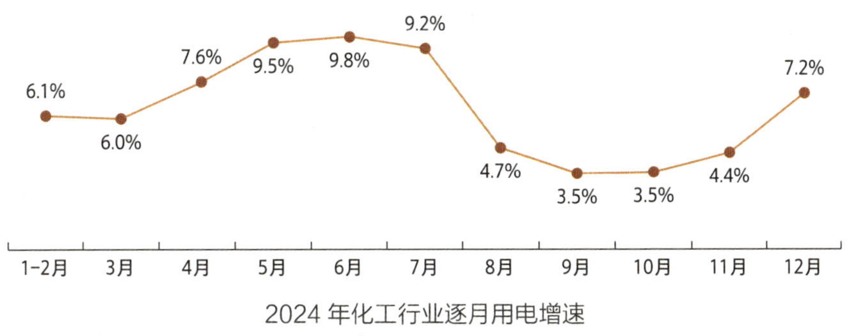

2024 年化工行业逐月用电增速

数据来源：《2024 年全国电力工业统计快报》

3. 非高载能第二产业用电

非高载能第二产业用电
↑7.1%

2024 年，非高载能第二产业用电量 44564 亿千瓦时，较上年高 2920 亿千瓦时。新能源发电、数据中心、5G 通信产业快速发展，带动电气机械和器材制造以及计算机、通信和其他电子设备制造等行业用电量呈高速增长，同比增速分别为 14.5% 和 13.7%，进而带动非高载能二产用电量同比增长 7.1%，较上年下降 0.2 个百分点，对全社会用电增长的贡献率达 41.1%，较上年下降 1.8 个百分点。其中，一至四季度同比增速分别为 11.2%、6.8%、6.2% 和 4.7%。

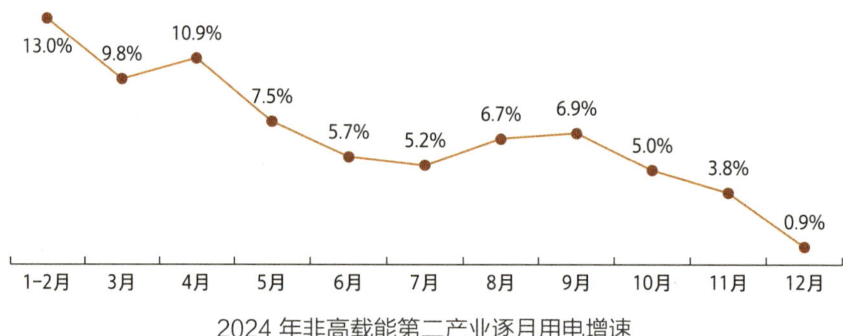

2024 年非高载能第二产业逐月用电增速

数据来源：《2024 年全国电力工业统计快报》

4. 第三产业用电

第三产业用电
↑9.9%

2024 年，服务业加快复苏，商务活动指数大部分时间位于扩张区间，呈现恢复发展态势。一至四季度第三产业用电量同比增速分别为 14.3%、9.2%、10.5% 和 5.9%；全年用电量同比增长 9.9%，增速较上年下降 2.3 个百分点，对全社会用电增长的贡献率为 26.3%，拉动全社会用电增长 1.8 个百分点。

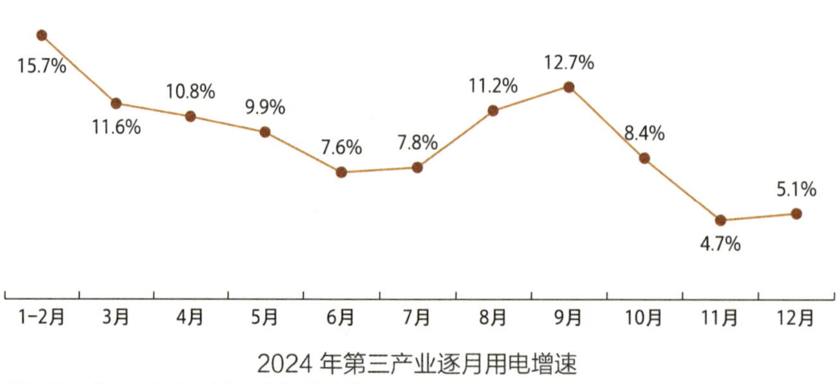

2024 年第三产业逐月用电增速

数据来源：《2024 年全国电力工业统计快报》

5. 居民生活用电

2024 年，受夏季高温天气影响，居民生活用电高速增长。一至四季度居民生活用电量同比增速分别为 12.0%、5.5%、17.8% 和 3.8%，全年居民生活用电量同比增长 10.6%，增速较上年上升 9.7 个百分点，对全社会用电增长的贡献率为 22.7%，拉动全社会用电增长 1.5 个百分点。

居民生活用电

↑10.6%

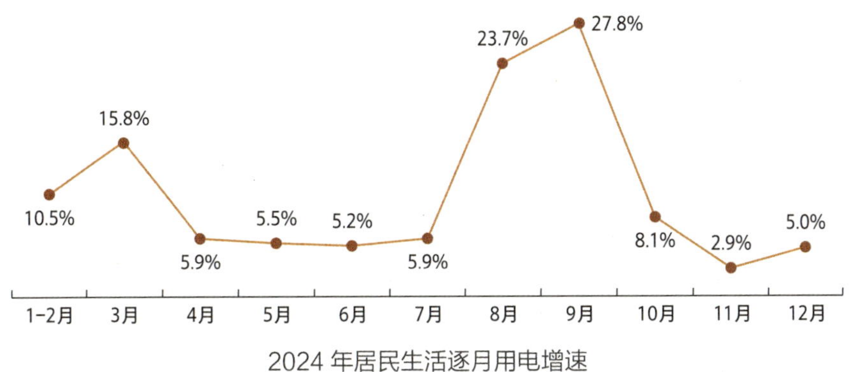

2024 年居民生活逐月用电增速

数据来源：《2024 年全国电力工业统计快报》

2.1.3 分省区用电量

2024 年，广东、江苏、山东、浙江、内蒙古全社会用电量分列全国前五位，合计用电量 37901 亿千瓦时，占比达到 38.5%，较上年增加 0.2%。

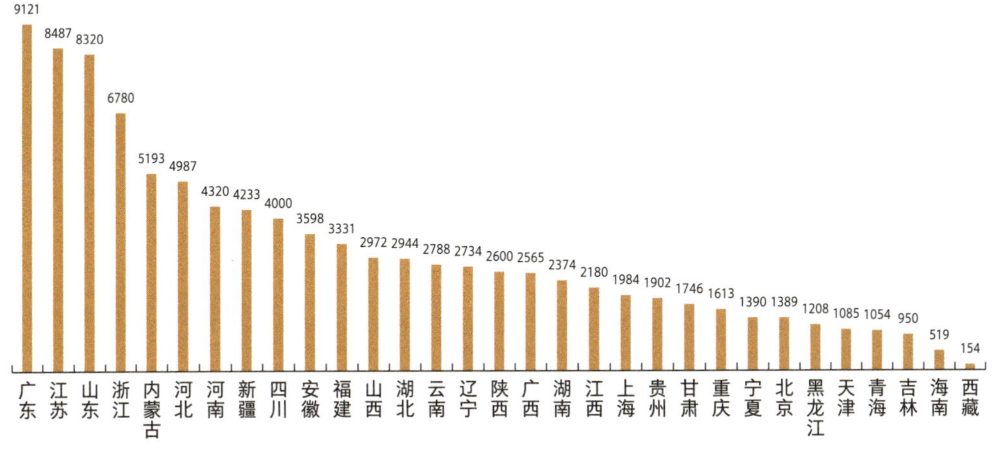

2024 年全国分省区用电量（亿千瓦时）

数据来源：《2024 年全国电力工业统计快报》（不含港澳台）

2024 年，各地区经济稳步增长，带动各地全社会用电量均保持正增长。西藏、安徽、重庆、云南、新疆 5 省（区、市）用电增速达 10% 以上，其中重庆用电增速 11.0%，较上年提高了 7.5 个百分点；云南用电增速 11.0%，较上年提高了 5.8 个百分点。西藏、安徽、云南、新疆、浙江、内蒙古、海南 7 省（区）近两年保持年均 8% 以上的快速增长。

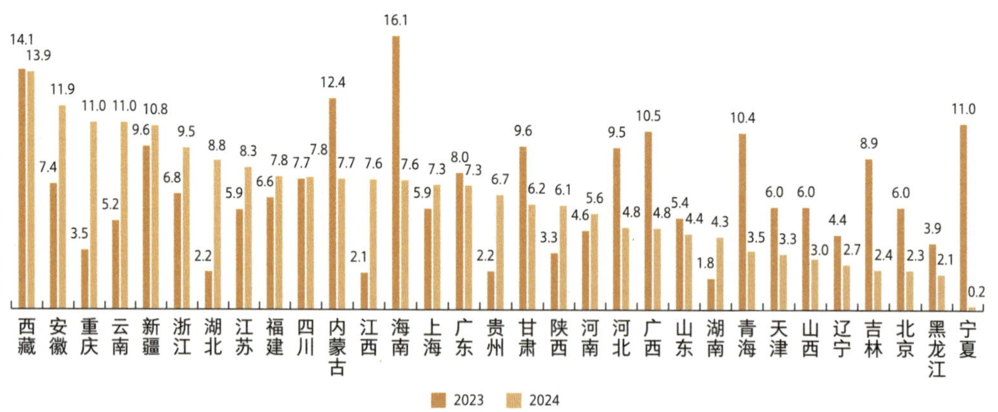

2024 年全国分省区用电量增速（%）

数据来源：《2024 年全国电力工业统计快报》

2.2
未来三年电力需求预测

2.2.1　第一产业用电预测

2025 年，中共中央、国务院印发了《乡村全面振兴规划（2024－2027 年）》，提出要加快推进设施种养业建设，发展现代设施农业，强化农业科技和装备支撑，推动基础设施数字化、智能化升级。《全国智慧农业行动计划（2024—2028 年）》提出因地制宜培育建设一批应用无人巡检运输、智能农机等技术装备的智慧农场，应用自动巡检消杀、自动采集清污等技术装备的智慧牧场，应用环境和水质监测、自动增氧、智能巡检、智能投饲等技术装备的智慧渔场。随着农业农村不断发展现代设施，农村生产电气化水平将不断提升，第一产业用电需求将继续平稳快速增长。

2.2.2　高载能行业用电预测

1. 钢铁行业

《钢铁行业节能降碳专项行动计划》提出要完善产能调控和产量管理，严格执行钢铁产能置换政策，不得以机械加工、铸造、铁合金等名义新增钢铁产能，大气污染防治重点区域钢铁产能只减不增，依法依规限制和淘汰落后产能。到 2025 年底，钢铁行业能效标杆水平以上产能占比达到 30%，能效基准水平以下产能完成技术改造或淘汰退出，全国 80% 以上钢铁产能完成超低排放改造。未来，供给侧主要工序能效将进一步提升，主要用能设备能效力争达到先进水平，推进高炉富氧技术、氢冶金技术等节能降碳先进技术研发应用，用能结构持续优化。需求侧，受房地产市场疲软影响，钢铁需求减弱，基建仍会对钢铁需求起到一定托底作用，船舶、家电、新能源汽车的制造用钢和钢材、汽车出口将对钢材需求有所修复，但国际局势动荡以及部分国家提高关税比例或将抑制出口增长。综合上述因素，预计未来三年钢铁行业用电增速持续放缓，甚至可能出现负增长。

2. 有色行业

《2024—2025 年节能降碳行动方案》提出要优化有色金属产能布局，严格落实电解铝产能置换，从严控制铜、氧化铝等冶炼新增产能，合理布局硅、锂、镁等行业新增产能。推进有色金属行业节能降碳改造，到 2025 年底，电解铝行业能效标杆水平以上产能占比达到 30%，可再生能源使用比例达到 25% 以上；铜、铅、锌冶炼能效标杆水平以上产能占比达到 50%；有色金属行业能效基准水平以下产能完成技术改造或淘汰退出。《铝产业高质量发展实施方案（2025—2027 年）》强调要稳慎建设氧化铝项目，优化电解铝产能布局，大气污染防治重点区域不再新增氧化铝、电解铝产能，坚持电解铝产能总量约束，优化电解铝产能置换政策实施，鼓励电解铝产能向清洁能源富集、具有环境和能源容量地区转移。未来，我国将加大技术改造支持力度，推广高效稳定铝电解、铜锍连续吹炼、竖式还原炼镁、大型矿热炉制硅等先进技术，加快有色金属行业节能降碳改造，巩固化解电解铝过剩产能成果，持续优化产业结构和用能结构。需求侧，新能源汽车、锂离子电池、光伏组件等依然是拉动有色金属消费需求增长的主要动力，铝、锂、铜、工业硅、稀土等有色金属需求将不断扩大。此外，“两新”等多项政策出台将进一步提振有色金属市场需求，带动有色金属工业增长。综合上述因素，预计未来三年有色行业用电量将保持稳定增长，用电量增速呈缓慢下降趋势。

3. 建材行业

《2024—2025 年节能降碳行动方案》提出要加强建材行业产能产量调控，严格落实水泥、平板玻璃产能置换，优化建材行业用能结构，推进用煤电气化。到 2025 年底，全国水泥熟料产能控制在 18 亿吨左右，水泥、陶瓷行业能效标杆水平以上产能占比达到 30%，平板玻璃行业能效标杆水平以上产能占比达到 20%，建材行业能效基准水平以下产能完成技术改造或淘汰退出，大气污染防治重点区域50%左右水泥熟料产能完成超低排放改造。2024年国家发展改革委印发《水泥行业节能降碳专项行动计划》提出要严格落实水泥行业产能置换政策，依法依规淘汰落后产能，严禁违规新增产能。严格核定水泥项目备案产能，禁止以改造升级等名义随意扩大产能。未来，我国将加快水泥、玻璃、陶瓷行业生产设备绿色化改造，推动重点用能设备能效升级，提升工业资源节约集约利用水平。需求侧，2024年房地产市场持续处于深度调整阶段，叠加基础设施投资增速持续放缓，建材产品需求难以得到有效提振。2025年政府工作报告中指出，要持续用力推动房地产市场止跌回稳，因城施策调减限制性措施，充分释放刚性和改善性住房需求潜力，合理控制新增房地产用地供应，盘活存量用地和商办用房。在政策支持下，建材行业相关产品需求将有望回升，同时新能源汽车、新能源发电等新兴制造业发展也将拉动玻璃制品等建材产品需求。综合上述因素，预计未来三年建材行业用电增速持续放缓，可能持续出现负增长。

4. 化工行业

《2024—2025年节能降碳行动方案》提出要强化石化产业规划布局刚性约束，严控炼油、电石、磷铵、黄磷等行业新增产能，禁止新建用汞的聚氯乙烯、氯乙烯产能，严格控制新增延迟焦化生产规模，推广大型高效压缩机、先进气化炉等节能设备。到2025年底，全国原油一次加工能力控制在10亿吨以内，炼油、乙烯、合成氨、电石行业能效标杆水平以上产能占比超过30%，能效基准水平以下产能完成技术改造或淘汰退出。未来，我国将严控化工行业新增产能，加快推动低端低效产能清退，深化节能增效，优化产业结构。需求侧，新能源、新材料行业快速发展将有力地拉动如电解质、聚乙烯隔膜、PC等化工产品需求，消费品以旧换新等政策将带动家居、智能家电使用的部分塑料品种、化纤产品、聚氨酯等化工品需求增长，随着科技进步和环保意识的提高，环保型化工产品的需求也将继续增加。但房地产复苏前景不明朗，对相关化工品消费增长的带动作用将相对有限，传统基础化工品受制于国际竞争和需求疲软或持续低迷。综合上述因素，预计未来三年化工行业用电量呈低速增长趋势。

未来，我国新能源、新材料行业快速发展以及城镇化率不断提升，将对高载能行业相关产品需求形成一定支撑，拉动用电需求。同时，为全面落实工业领域以及重点行业碳达峰实施方案，我国将严格把控高载能行业新增产能，持续巩固化解过剩产能成果，加快推动重点行业转型升级，严格执行产能置换政策，优化重大项目布局。此外，我国将加大力度推动高耗能行业绿色转型，加大节能降碳改造力度，优化产业布局和资源利用，推广资源循环生产模式，发展再生资源产业，提升废钢铁、废有色金属等再生资源的利用水平。为引导高耗能行业尽快提高能效水平，《2024—2025 年节能降碳行动方案》中提出严禁对高耗能行业实施电价优惠，强化价格政策与产业政策、环保政策的协同，综合考虑能耗、环保绩效水平，完善高耗能行业阶梯电价制度。综合上述因素，预计未来三年高载能行业用电量将整体保持低速增长趋势，预计 2025 年为 2.1%，2026 年为 1.4%，2027 年为 1.1%。

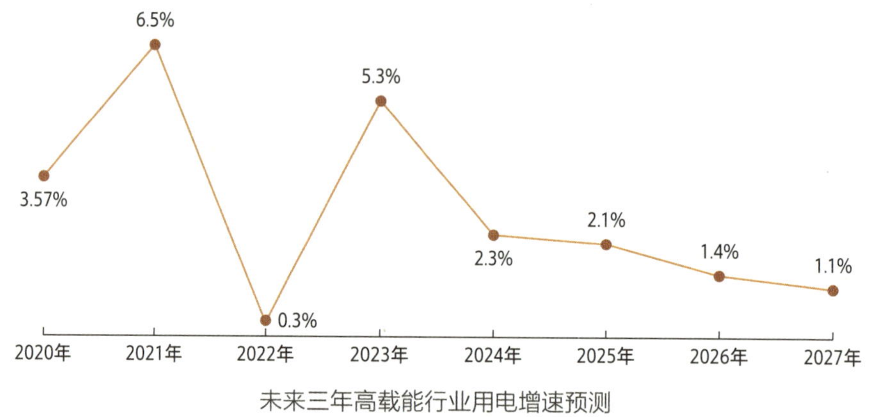

未来三年高载能行业用电增速预测

2.2.3 非高载能第二产业用电预测

党的二十届三中全会审议通过《中共中央关于进一步全面深化改革、推进中国式现代化的决定》，其中提出，要加快推进新型工业化。习近平总书记指出："新时代新征程，以中国式现代化全面推进强国建设、民族复兴伟业，实现新型工业化是关键任务。" 2025 年政府工作报告指出，我国将因地制宜发展新质生产力，加快建设现代化产业体系。推动科技创新和产业创新融合发展，大力推进新型工业化，做大做强先进制造业，促进新动能积厚成势、传统动能焕新升级。未来，一方面我国将推动传统产业改造提升，加快制造业数字化转型，加强产业基础再造和重大技术装备攻关。另一方面我国将培育壮大新兴产业、未来产业，深入推进战略性新兴产业融合集群发展，开展新技术新产品新场景大规模应用示范行动，推动商业航天、低空经济、深海科技等新兴产业安全健康发展，培育生物制造、量子科技、具身智能、6G 等未来产业，增强智能网联新能源汽车、光伏等领域全产业链优势，加快前沿新兴氢能、新材料、创新药等产业发展，加大企业设备更新和技术改造，提升传统产业在全球分工中的地位和竞争力。综合上述因素，预计未来三年非高载能第二产业将保持快速发展趋势，带动非高载能第二产业用电量刚性增长。

预计 2025 年非高载能第二产业用电增速为 7.1%，2026 年为 6.4%，2027 年为 5.9%。

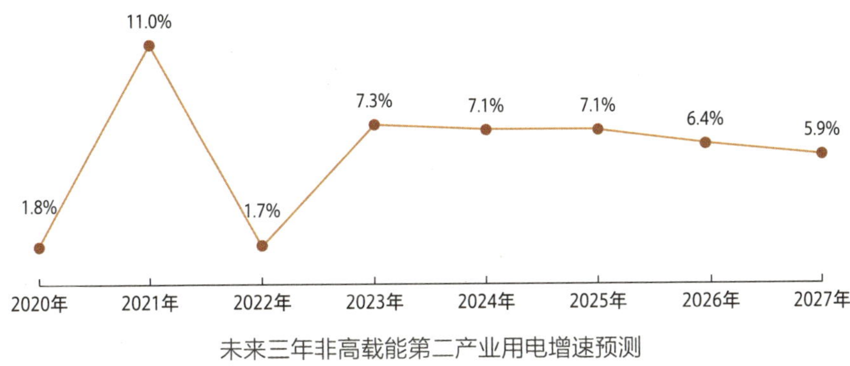

未来三年非高载能第二产业用电增速预测

2.2.4 第三产业用电预测

根据 2025 年政府工作报告，一方面我国将继续实施提振消费专项行动，促进居民增收减负，丰富消费产品服务供给，改善消费环境，创新和丰富消费场景，加快数字、绿色、智能等新型消费发展，释放文化、旅游、体育等消费潜力。另一方面，我国将持续推进“人工智能 +”行动，支持大模型广泛应用，大力发展智能网联新能源汽车、人工智能手机和电脑、智能机器人等新一代智能终端以及智能制造装备。扩大 5G 规模化应用，加快工业互联网创新发展，优化全国算力资源布局，打造具有国际竞争力的数字产业集群。2024 年财政部等发布了《关于开展县域充换电设施补短板试点工作的通知》，提出到 2026 年力争实现充换电公共基础设施“乡乡全覆盖”，将有力带动新能源汽车在农村的消费，进一步扩大新能源汽车充电服务应用范围。2024 年以来，消费品以旧换新政策发力，服务业持续恢复，带动三产用电高速增长；现代服务业引领作用持续增强，与先进制造业的深度融合推动产业链延链增值、智能化数字化水平不断提升，为新质生产力加速发展和更好服务实体经济提供有力支撑。随着服务领域高度信息化改革持续深化，第三产业发展质量将不断提升，驱动三产用电快速增长。综合上述因素，预计未来三年第三产业用电继续保持刚性增长趋势。

预计 2025 年第三产业用电增速为 9.5%，2026 年为 8.7%，2027 年为 8.3%。

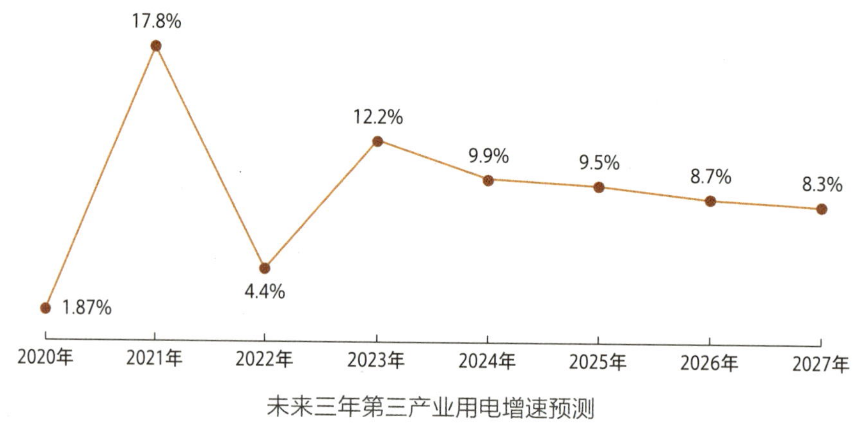

未来三年第三产业用电增速预测

2.2.5 居民生活用电预测

2024 年，国务院印发了《深入实施以人为本的新型城镇化战略五年行动计划》，提出加快居住区充电设施建设，推进基于数字化、网络化、智能化的新型城市基础设施建设，稳步提高城镇化质量和水平。同年，商务部等 14 部门印发了《推动消费品以旧换新行动方案》，在全国范围内开展汽车、家电以旧换新和家装厨卫“焕新”，有力地推动了家电换“智”，使智能家居在更多生活场景落地。未来，我国将持续深入实施以人为本的新型城镇化战略，推进城镇老旧小区改造和绿色智慧城市建设，充分释放新型城镇化蕴藏的巨大内需潜力。同时我国将继续推进乡村振兴和农业农村现代化发展，统筹新型工业化、新型城镇化和乡村全面振兴。2025 年，国务院印发了《乡村全面振兴规划（2024—2027 年）》，提出要全面促进农村消费，支持新能源汽车、绿色智能家电等下乡。同年，国务院发布了关于《进一步深化农村改革 扎实推进乡村全面振兴》的意见，提出要推动基础设施向农村延伸，实施消费品以旧换新行动，巩固提升农村电力保障水平，加强农村分布式可再生能源开发利用。随着城镇乡村居民生活水平不断提高，电气化水平逐步提升，预计未来三年居民生活用电量将保持中高速增长。

预计2025年居民生活用电增速为6.2%，2026年为5.6%，2027年为5.2%。

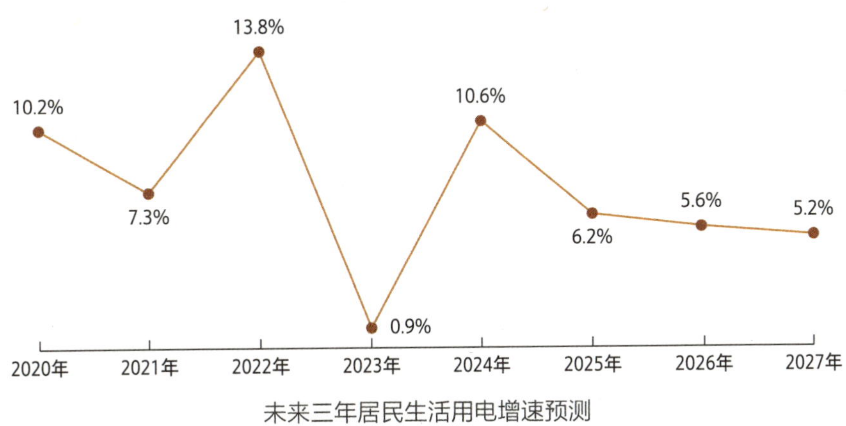

未来三年居民生活用电增速预测

2.2.6 全国用电需求预测

结合未来三年经济和用电发展趋势预测：

2025年，全社会用电同比增长6.2%，用电量达10.5万亿千瓦时，用电结构为1.4∶24.3∶39.3∶19.2∶15.2；2026年，全社会用电同比增长5.5%，用电量达11.0万亿千瓦时，用电结构为1.4∶23.3∶40.3∶19.8∶15.2；2027年，全社会用电同比增长5.2%，用电量达11.6万亿千瓦时，用电结构为1.5∶22.4∶40.5∶20.4∶15.2。

未来三年用电增速

2025年 ↑6.2%

2026年 ↑5.5%

2027年 ↑5.2%

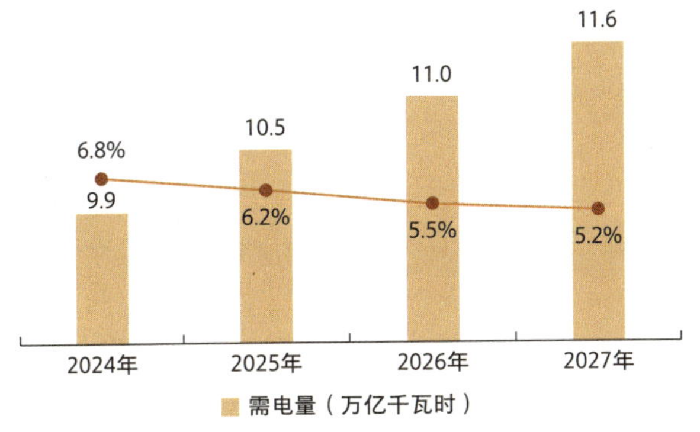

2025—2027年全国需电量预测结果

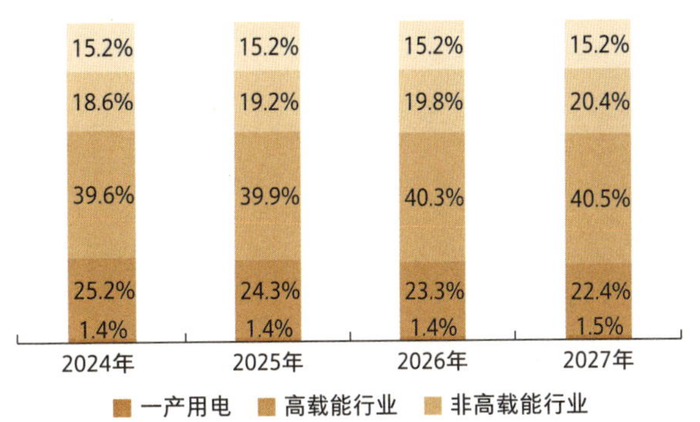

2025—2027年全国用电结构预测结果

3　电源发展

Power Generation Development

3.1 水电

3.1.1 2024 年发展概况

1. 常规水电

常规水电装机增速有所上升

常规水电装机同比增长
↑1.8%

总装机
37726 万千瓦

2024 年，黄河流域海拔最高水电站——玛尔挡水电站全面投产发电；国家“西电东送”骨干工程——TB 水电站全面投产发电；国内首座镶嵌混凝土面板堆石坝——羊曲水电站全面投产发电。

截至 2024 年底，常规水电装机容量达到 37726 万千瓦，约占我国电源总装机的 11.3%，占非化石能源发电装机容量的 19.3%。2024 年，常规水电装机容量同比增长 1.8%。

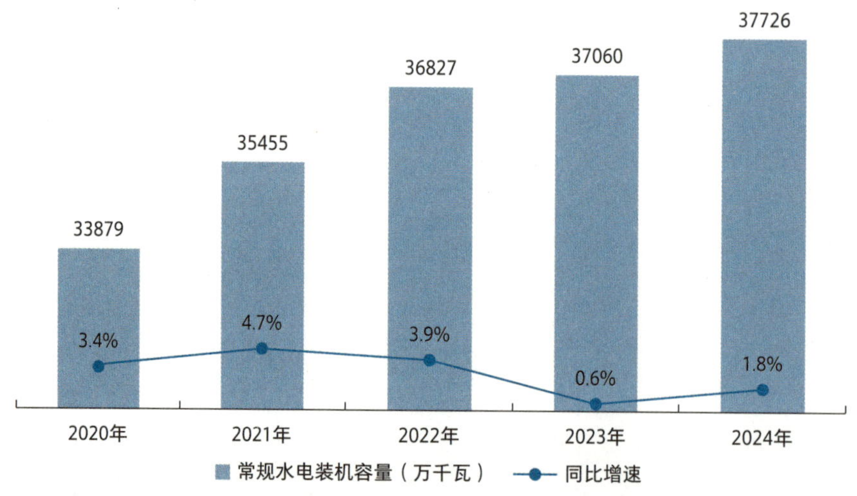

2020—2024 年我国常规水电装机容量及同比变化

数据来源：《中国电力统计年鉴 2021—2024》《2024 年全国电力工业统计快报》

截至2024年底，四川、云南、湖北、贵州、广西、青海、湖南、福建八省（区）常规水电装机容量超过30000万千瓦，占我国常规水电总装机容量的80.6%。其中，四川、云南两省水电装机容量占全国常规水电总装机比重为48.1%。

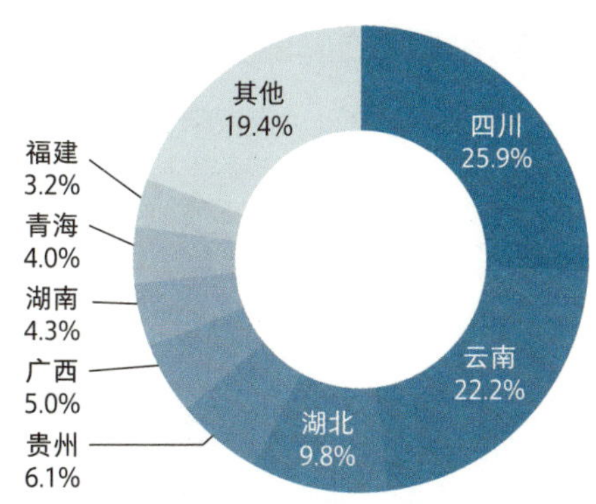

2024年各省常规水电装机容量占比

数据来源：《2024年全国电力工业统计快报》

根据最新水力资源普查结果，我国水能资源技术可开发量为6.87亿千瓦。至2024年底我国水力资源平均开发程度为54.9%。

常规水电发电量有所上升

常规水电发电量同比增长

↑10.8%

占电源总发电量

13.5%

2024年，我国常规水电发电量13582亿千瓦时，同比上升10.8%，因来水改善，我国水电设备平均利用小时同比增加216小时至3349小时。2024年，我国常规水电发电量约占我国电源总发电量的13.5%，常规水电发电量占非化石能源发电量的比重为34.7%。

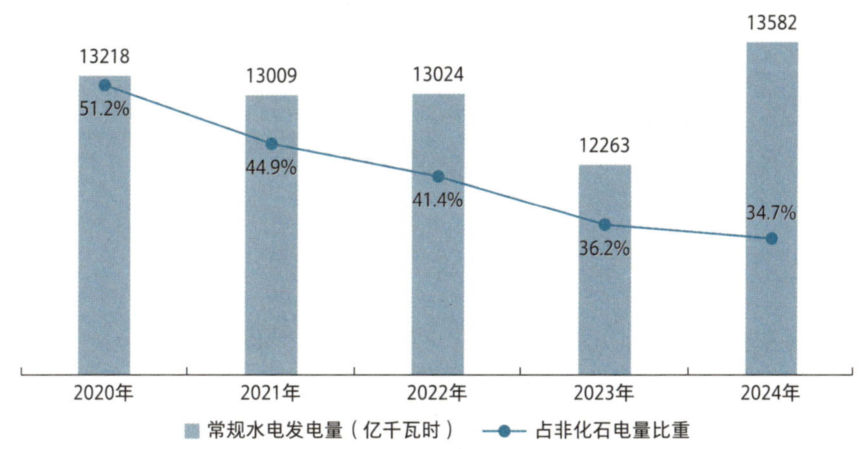

2020—2024年我国常规水电发电量

数据来源：《中国电力统计年鉴2021—2024》《2024年全国电力工业统计快报》

2. 抽水蓄能电站

抽水蓄能电站装机持续增长

抽水蓄能总装机
5869 万千瓦

增速
15.2%

2024 年我国抽水蓄能电站装机持续增长，河北丰宁、重庆蟠龙、陕西镇安、新疆阜康、福建厦门、辽宁清原 6 个电站全面投产，江苏句容和河南五岳电站首台机组投产。截至 2024 年底，我国抽水蓄能装机容量达到 5869 万千瓦，约占我国电源总装机的 1.8%，约占非化石能源发电装机的 3.0%。2024 年抽水蓄能投产总装机同比增速为 15.2%，增速相比 2023 年上升 4.0 个百分点。

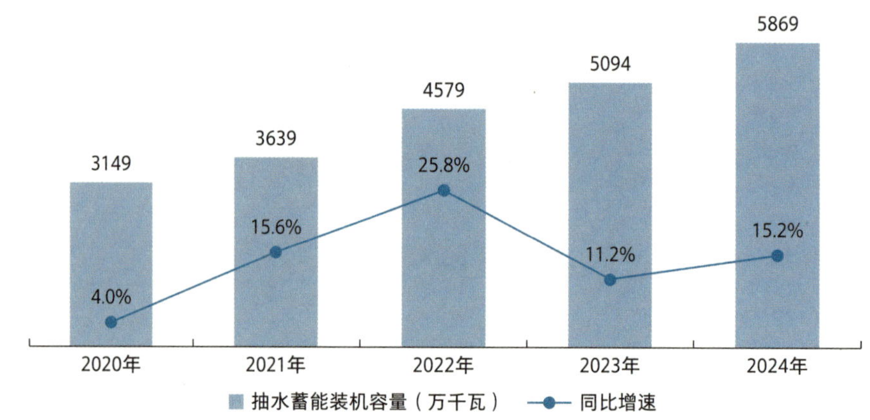

2020—2024 年我国累计抽水蓄能装机容量及同比变化

数据来源：《中国电力统计年鉴 2021—2024》《2024 年全国电力工业统计快报》

已投产抽水蓄能电站主要集中在华东、华南及华北地区

占全国抽水蓄能总装机的
72.9%

2024 年东北地区核准总装机最大

2024 年，我国华东、华南及华北地区抽水蓄能装机容量为 4276 万千瓦，占我国抽水蓄能总装机容量约 72.9%。其中，广东、浙江、福建、河北、安徽、山东居抽水蓄能电站装机容量前五位，均在 400 万千瓦以上，分别占全国总容量的 16.5%、13.1%、8.5%、8.3%、8.0% 和 6.8%。

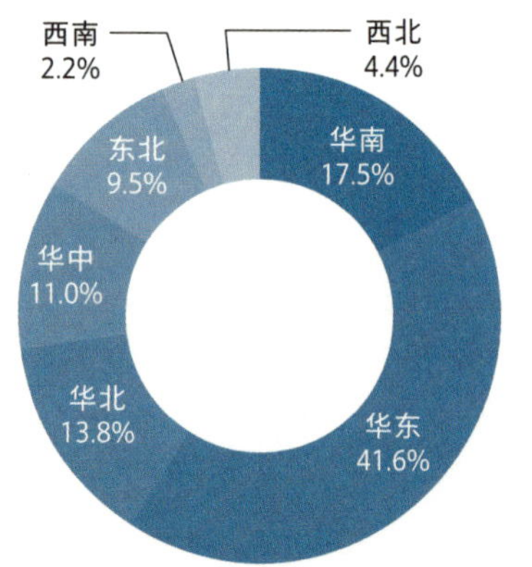

2024 年分区域累计抽水蓄能装机容量占比

数据来源：《2024 年全国电力工业统计快报》

2024 年投产的抽水蓄能电站

省份	电站名称	单机容量（万千瓦）	投产时间
河北	丰宁抽蓄 12 号	30	2024 年 8 月
	丰宁抽蓄 11 号	30	2024 年 12 月
重庆	蟠龙抽蓄 2 号	30	2024 年 1 月
	蟠龙抽蓄 3 号	30	2024 年 4 月
	蟠龙抽蓄 4 号	30	2024 年 5 月
陕西	镇安抽蓄 1 号	35	2024 年 9 月
	镇安抽蓄 2 号	35	2024 年 9 月
	镇安抽蓄 3 号	35	2024 年 11 月
	镇安抽蓄 4 号	35	2024 年 12 月
新疆	阜康抽蓄 2 号	30	2024 年 1 月
	阜康抽蓄 3 号	30	2024 年 5 月
	阜康抽蓄 4 号	30	2024 年 7 月
江苏	句容抽蓄 1 号	22.5	2024 年 9 月
	句容抽蓄 2 号	22.5	2024 年 12 月
福建	厦门抽蓄 2 号	35	2024 年 1 月
	厦门抽蓄 3 号	35	2024 年 3 月
	厦门抽蓄 4 号	35	2024 年 6 月
辽宁	清原抽蓄 2 号	30	2024 年 3 月
	清原抽蓄 3 号	30	2024 年 6 月
	清原抽蓄 4 号	30	2024 年 8 月
	清原抽蓄 5 号	30	2024 年 11 月
浙江	缙云抽蓄 1 号	30	2024 年 11 月
	宁海抽蓄 1 号	35	2024 年 10 月
	宁海抽蓄 2 号	35	2024 年 12 月
河南	五岳抽蓄 1 号	25	2024 年 12 月

抽水蓄能核准速度阶段性放缓。2024 年共核准 23 个抽水蓄能电站，共计 3090 万千瓦。核准数量和装机规模相比 2023 年和 2022 年减少约一半。

2024 年核准的抽水蓄能电站

序号	省份	项目名称	装机容量（万千瓦）	核准时间
1	新疆	鄯善	140	2024-1-5
2	江西	寻乌	120	2024-1-11
3	江西	赣县	120	2024-1-11
4	黑龙江	亚布力	120	2024-2-1
5	云南	禄丰	120	2024-2-9
6	安徽	宁国龙潭	120	2024-4-7
7	江西	遂川	120	2024-4-12
8	河南	灵宝	120	2024-6-28
9	黑龙江	伊春五星	180	2024-10-11
10	陕西	大庄里	210	2024-10-18
11	贵州	福泉坪上	120	2024-10-22
12	安徽	绩溪家朋	140	2024-10-28
13	河北	青龙冰沟	100	2024-11-26
14	河北	崇礼常峪口	120	2024-11-26
15	福建	德化	120	2024-11-30
16	吉林	靖宇	180	2024-12-5
17	吉林	和龙	180	2024-12-5
18	新疆	达坂城	140	2024-12-20
19	黑龙江	林口建堂	180	2024-12-26
20	青海	德令哈	60	2024-12-29
21	云南	西畴	120	2024-12-31
22	内蒙古	太阳沟	120	2024-12-31
23	山西	代县黄草院	140	2024-12-31

从 2024 年核准情况来看，东北和西北地区新增核准抽水蓄能电站装机容量最大，分别为 840 万千瓦和 550 万千瓦，约占我国 2024 年核准总装机的 45.0%。

2024 年各区域核准的抽水蓄能电站个数和装机容量

区域	核准个数	核准装机容量（万千瓦）
东北	5	840
西北	4	550
华北	4	480
华中	4	480
华东	3	380
华南	3	360

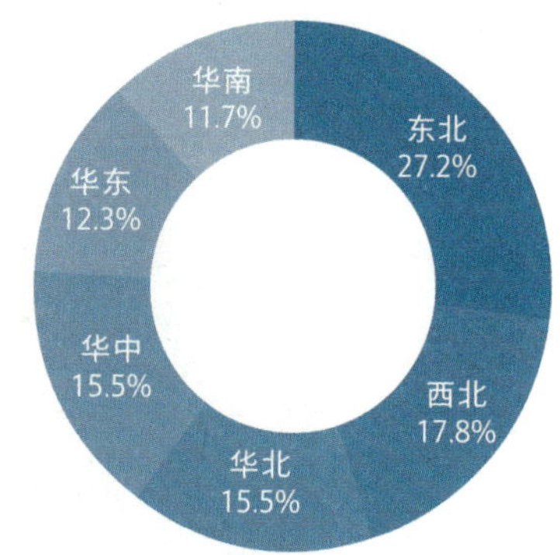

2024 年各区域核准的抽水蓄能电站装机容量占比

3.1.2 未来三年发展展望

1. 常规水电

未来三年我国常规水电预计新增装机约 1400 万千瓦。其中重点水电项目有：叶巴滩水电站、拉哇水电站、双江口水电站、硬梁包水电站、扎拉水电站、金川水电站等。

未来三年全国新增常规水电主要集中在四川省、西藏自治区等地

叶巴滩水电站

叶巴滩水电站位于四川省白玉县与西藏贡觉县交界的金沙江上游干流，是我国在建海拔最高的双曲拱坝电站，也是金沙江上游清洁能源基地装机规模最大的水电项目。电站装机容量 224 万千瓦，多年平均年发电量 102 亿千瓦时，预计 2025 年底首台机组投产发电。

叶巴滩水电站
图片来源：华电金沙江上游水电开发有限公司

拉哇水电站

拉哇水电站位于四川省甘孜州巴塘县与西藏自治区昌都市芒康县交界的金沙江干流，大坝为混凝土面板堆石坝，最大坝高 239 米，是目前已建和在建同类型世界最高坝。电站装机容量 200 万千瓦，多年平均年发电量 83.6 亿千瓦时，预计 2026 年底首台机组投产发电。

拉哇水电站
图片来源：华电金沙江上游水电开发有限公司

双江口水电站

双江口水电站位于四川省阿坝州马尔康市和金川县交界的大渡河干流上，大坝为砾石土心墙堆石坝，最大坝高 315 米，是已建和在建世界第一高坝，总填筑方量超 4728 万立方米。电站装机容量 200 万千瓦，多年平均发电量约 77 亿千瓦时，预计 2025 年首台机组发电。

双江口水电站
图片来源：国能大渡河流域水电开发有限公司

硬梁包水电站

硬梁包水电站位于四川省泸定县境内大渡河干流上，大坝为混凝土闸坝和混凝土面板堆石坝，隧洞最大开挖洞径达 16.7 米，是我国隧洞直径最大的引水式电站。电站装机容量 111.6 万千瓦，多年平均年发电量 51.8 亿千瓦时。2024 年 12 月首台机组投产发电，预计 2025 年全部机组完成投产。

硬梁包水电站
图片来源：华能四川能源开发有限公司

扎拉水电站

扎拉水电站位于西藏自治区怒江的支流玉曲河上，大坝为混凝土重力坝，电站装机容量 101.5 万千瓦，安装两台单机容量 50 万千瓦冲击式水轮发电机组，建成后将成为全球单机容量最大的冲击式水轮发电机组，多年平均年发电量 39.46 亿千瓦时。预计 2026 年 7 月首台机组投产发电。

扎拉水电站
图片来源：大唐西藏能源开发有限公司

金川水电站

金川水电站位于四川阿坝州金川县境内，大坝为混凝土面板堆石坝，拥有亚洲最长仿生态鱼道工程。电站装机容量 86 万千瓦，设计与双江口水电站联合运行时的平均年发电量为 34.86 亿千瓦时。预计 2026 年全部机组完成投产。

金川水电站

图片来源：国能大渡河流域水电开发有限公司

2. 抽水蓄能

未来三年我国抽水蓄能电站新增投产装机容量预计约 2200 万千瓦。国家发展改革委、能源局联合印发的《关于加强电网调峰储能和智能化调度能力建设的指导意见》也提出，到 2027 年，抽水蓄能电站总投运规模将达到 8000 万千瓦以上。典型项目有：广西南宁抽水蓄能电站、广东惠州中洞抽水蓄能电站、内蒙古芝瑞抽水蓄能电站等。

广西南宁抽水蓄能电站

南宁抽水蓄能电站位于南宁市武鸣区，装机容量 120 万千瓦，是广西首座抽水蓄能电站，计划于 2025 年投产发电。

南宁抽水蓄能电站

图片来源：中国能源建设集团广西电力设计研究院有限公司

广东惠州中洞抽水蓄能电站

惠州中洞抽水蓄能电站位于广东省惠州市惠东县高潭镇中洞村，装机容量120万千瓦，安装3台单机容量40万千瓦的单级混流可逆式水泵水轮机组，为我国首个40万千瓦级超大容量变速抽水蓄能工程，计划于2026年投产发电。

惠州中洞抽水蓄能电站

图片来源：南方电网储能有限公司

内蒙古芝瑞抽水蓄能电站

芝瑞抽水蓄能电站位于克什克腾旗芝瑞镇境内，装机容量120万千瓦，是蒙东地区首个抽水蓄能项目，计划于2027年投产发电。

芝瑞抽水蓄能电站

图片来源：国家电网新源控股有限公司

3.2
风电

3.2.1 2024 年发展概况

1. 风电 2024 年发展概况

风电新增装机保持高速增长

风电装机规模
↑18.0%

总装机
52068 万千瓦

截至 2024 年底，全国累计并网风电装机 52068 万千瓦，同比增长 18.0%，占全国电源总装机容量的 15.5%，占非化石电源装机容量的 26.7%。全年新增风电装机 7934 万千瓦，整体维持高速发展的趋势。

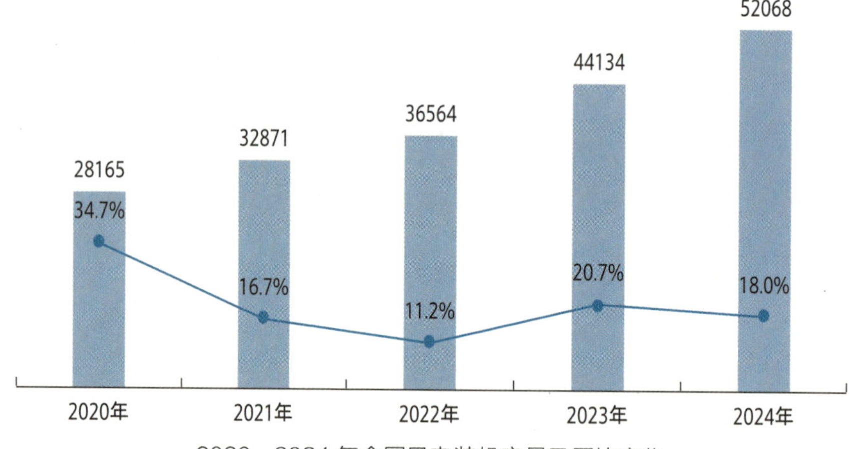

2020—2024 年全国风电装机容量及同比变化

数据来源：《2024 年全国电力工业统计快报》

2024 年全国海上风电新增装机 404 万千瓦，同比减少 36.2%，累计并网装机达 4127 万千瓦，同比增加 10.7%，呈持续增长态势，海上风电累计装机规模继续保持世界第一位。截至 2024 年底，全国海上风电主要集中在华东地区的沿海省份，合计占全国海上风电装机的 51.1%，其中，江苏省海上风电并网装机占全国海上风电装机约 28.7%。南方地区海上风电并网装机占全国海上风电装机的 31.6%，其中以广东省为主，占全国海上风电装机约 29.5%。其余 17.3% 分布在辽宁、山东、河北、天津。

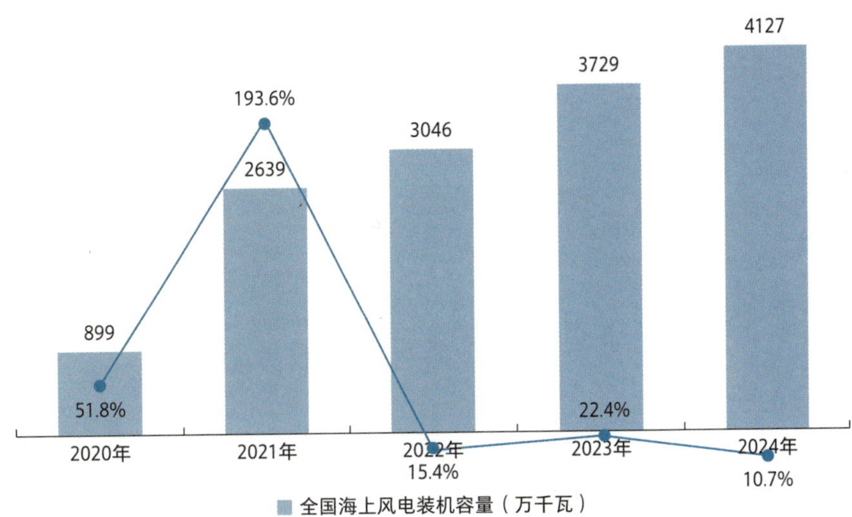

2020—2024 年全国海上风电装机容量及同比变化

数据来源：国家能源局

截至 2024 年底，华北地区风电累计装机占比为 29.9%。西北地区风电累计装机占比为 23.5%，同比上升 13.4 个百分点。东北地区风电累计装机占比为 13.8%。2024 年，华北、东北、西北地区合计新增并网风电装机占全国新增并网风电装机容量比重达 75.5%。

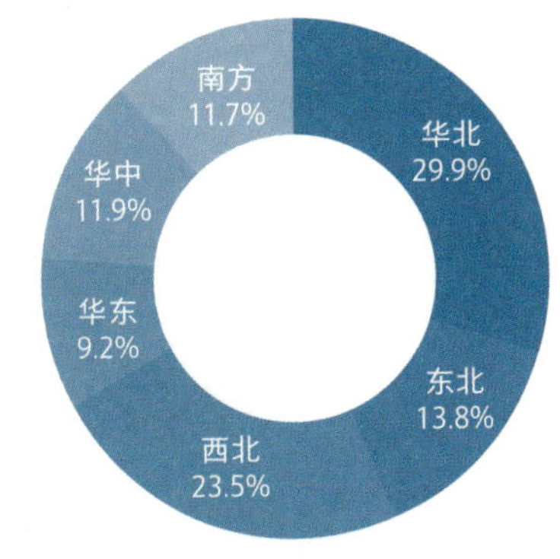

2024 年全国分区域并网风电装机容量占比

数据来源：《2024 年全国电力工业统计快报》

截至 2024 年底，内蒙古、新疆、河北、甘肃、山东、山西、河南、江苏、广东、广西、辽宁、云南、吉林、宁夏、黑龙江、陕西、青海、湖南十八省（区）并网风电装机均超 1000 万千瓦，合计占全国风电总装机容量的 87.9%。

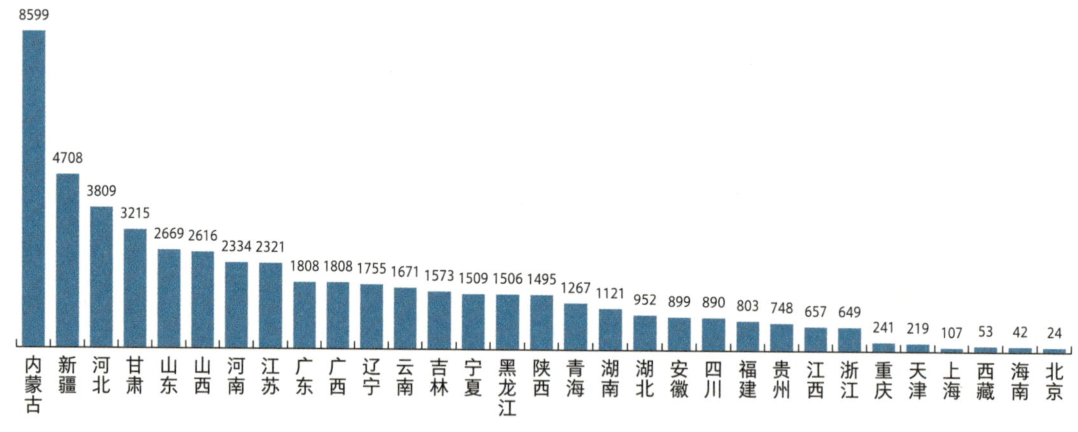

2024 年全国分地区并网风电装机容量（万千瓦）

数据来源：《2024 年全国电力工业统计快报》

风电新增发电量占非化石能源发电量增量比重下降明显

风电对非化石电量增长贡献率

↓29.9%

2024 年，全国风电年累计利用小时数为 2127 小时，同比降低 138 小时；全年风电发电量达到 9968 亿千瓦时，同比增长 12.5%，占全国总发电量约 9.9%，占非化石电源发电量约 25.5%。

2024 年，全国风电发电量同比增加 1110 亿千瓦时，占非化石电源发电量增量的比重约 21.0%，风电对非化石电量增长贡献率较上年下降 29.9 个百分点。

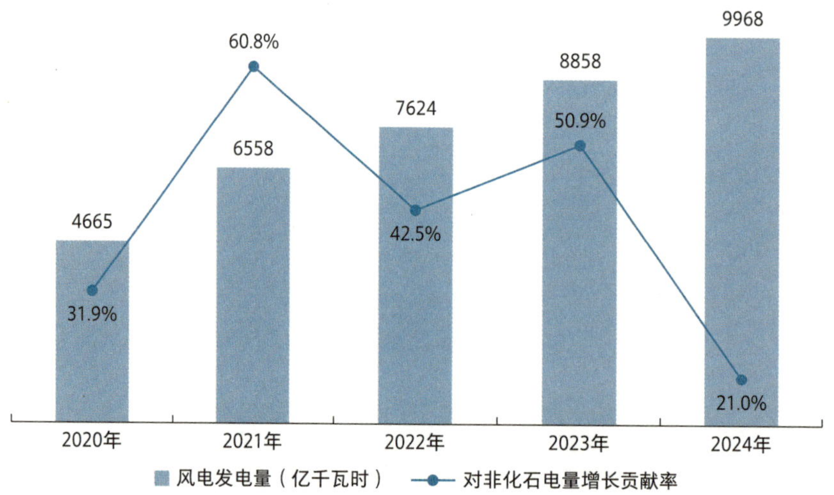

2020—2024 年全国风电发电量及对非化石电量增长的贡献率

数据来源：《中国电力统计年鉴 2021—2024》《2024 年全国电力工业统计快报》

风电利用率有所下降

弃风率上升
1.4 个百分点

2024 年，全国弃风电量合计 424.7 亿千瓦时，较上年上升 191.6 亿千瓦时；平均弃风率为 4.1%，同比上升 1.4 个百分点。东北、西北、华北、华中、南方地区风电利用率同比分别下降 2.8 个、1.7 个、1.5 个、0.8 个、0.8 个百分点至 94.5%、94.2%、94.3%、97.8%、99.1%，华东地区基本无弃风。蒙西（不含锡盟、昭沂、上都、托克托、岱海等外送配套新能源）风电利用率同比提升 0.5 个百分点至 93.7%，西藏、黑龙江、蒙东、辽宁同比分别下降 17.0 个、3.4 个、2.7 个、2.7 个百分点至 83.0%、95.2%、94.0%、95.3%。

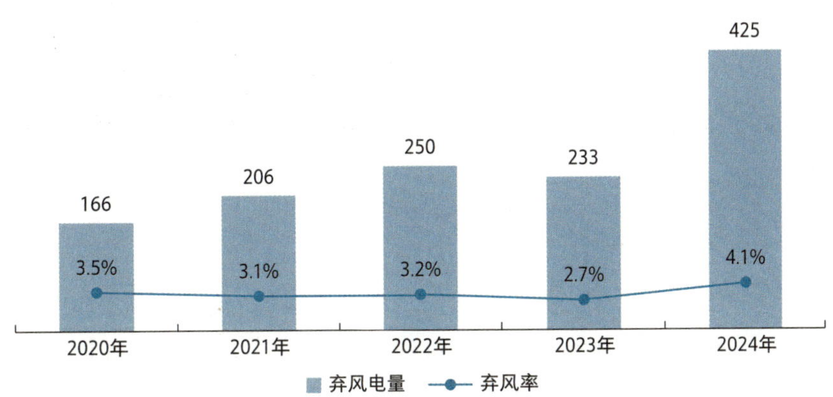

2020—2024 年全国弃风电量及弃风率

数据来源：国家能源局

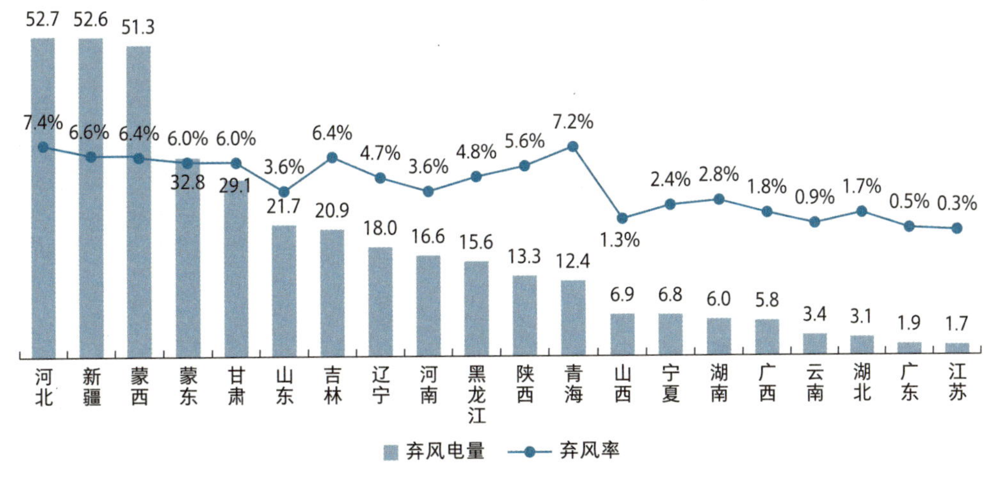

2024 年全国分地区弃风电量及弃风率

数据来源：国家能源局

2. 2024 年投产风电典型项目

阿拉善能源 170 兆瓦分散式风电一体化项目

2024 年 12 月 29 日，中国能建中电工程西南院总承包的阿拉善能源 170 兆瓦分散式风电一体化项目实现全容量并网发电。该项目位于内蒙古阿拉善高新工业区的盟级重点项目，装机容量达 170 兆瓦，是中国在高难度自然环境下实施清洁能源项目的典范。

项目攻克“三极”挑战：面对极端缺水、极寒气候和频繁沙尘暴的严峻自然条件，项目团队首次创新采用 7.15 兆瓦超大容量与 6.25 兆瓦风电机组，共安装 26 台机组，同时建设 2 座 35 千伏开关站和 2 座 110 千伏升压站，形成高效集约的电力输送系统。

项目建成后，年上网电量将达 5 亿千瓦时，创造发电收入约 1.25 亿元，每年可节约标准煤 13.18 万吨，减少二氧化碳排放约 38.3 万吨，节能减排效果显著。这一成就不仅标志着当地能源结构优化转型迈出重要步伐，也为区域经济绿色可持续发展提供了强大动力，充分展现风电项目在生态治理与经济发展中的协同效应。

广东“明阳天成号”海上风电

2024 年 12 月，全球单体容量最大的漂浮式风电平台“明阳天成号”在广东阳江正式投运。该项目由明阳集团自主研制，是全球首次在一个浮式基础上搭载两台 8.3 兆瓦的海上风机，总装机容量达到 16.6 兆瓦，是目前全球单体容量

最大的漂浮式风电平台。

“明阳天成号”叶轮最高处达219米，空中最大宽度约为369米，风机启动后，两个风轮朝着相反方向转动，比同等扫风面积的单个大风轮风机的发电量提升4.29%。平台排水总量约1.5万吨，预计每年可提供约5400万度绿色电力，能满足3万户三口之家一年的日常用电需求。

广东汕尾“伏羲一号”风渔融合项目

2024年9月，中国能建广东院勘察设计的汕尾“伏羲一号”风渔融合项目正式投运。“伏羲一号”建设在距离汕尾海岸11公里的中广核后湖50万千瓦海上风电场中心场区，养殖水体达到6.3万立方米，实现了海上风力发电与海洋牧场养殖的融合发展。该项目是全球最大单体桩基固定式海洋牧场平台深海网箱，作为新能源产业与现代高效农业跨界融合发展的新模式，“伏羲一号”风渔融合项目的落地，将为我国深远海绿色能源融合化开发和海洋资源集约利用提供技术储备和示范样本。预计投产后年产优质海水鱼类约900吨，年产值可达5400万元，对提高我国海洋资源开发能力，推动海洋经济高质量发展具有十分重要的意义。

遂溪100MW抗台型超高塔风电项目

2024年8月，遂溪江洪乐民100MW风电项目完成了首台185米混塔风电机组吊装，轮毂中心高度相当于60层楼。不仅刷新全球陆上风电塔筒的最高纪录，也是全球首例在台风频发地区的抗台型超高塔风电项目。该项目总装机容量达到100兆瓦，共22台机组，全部采用了中车株洲所针对台风频发地区特别设计的WT4550D195H185双馈型风力发电机组。该机组采用现浇预应力混凝土塔筒+钢筒混塔体系，下部混凝土塔筒和上部钢塔通过混凝土转换段及钢筒过渡段连接，下部预应力混凝土塔筒高85米，上部钢塔高 97 米，叶轮直径 195 米，叶轮扫风面积相当于 4.2 个标准足球场，项目单台机组叶轮旋转一圈可以发电约 8.6 度，整个项目年发电量可达 3.2 亿度。

巨石涟水 233MW 风电项目

2024 年 4 月，全球首个 180 米超高混塔 233 兆瓦风电批量商业化应用项目完成并网。该项目是全球范围内首台超高性能混凝土（UHPC150）塔筒首次投入使用，是巨石集团与运达股份共同投资的首个集投资、开发、设计、施工、采购、运营于一体的“EPC+O”风电场项目。该项目总装机容量 233 兆瓦，风机塔筒高达 180 米，其中混塔段高度达 157.4 米，高塔筒将大大突破地理条件的限制，捕获到更高利用率的风资源，提高项目发电效率。这是保障中国巨石以零碳理念打造全球首个玻璃纤维智造基地的重点配套项目。

通辽荒漠治理风电工程

2024 年 7 月，由中国电建集团江西省电力建设有限公司 EPC 总承包、内蒙古电力勘测设计院有限责任公司设计的通辽科尔沁左翼后旗全域高质量零碳清洁能源装备 100 万千瓦荒漠治理风电工程实现全容量并网发电。该项目是京能国际通辽 238 万千瓦风电基地项目的重要组成部分。

自 2023 年 7 月 19 日项目举行开工仪式到 2024 年 7 月 19 日项目全容量并网发电，用时 365 天。该工程采用三一重能股份有限公司生产的 160 台 SI-193625 型风力发电机组，轮毂高度为 110m。项目建成并网后每年可提供电能约 31 亿千瓦时，可等效减少标煤消耗约 97 万吨。

朝阳白山风电项目

2024 年 5 月，中国能建投资公司投资的中能建投朝阳白山 150MW 风电项目并网一次成功，各项参数指标正常，成为该地区多个共用送出线路新能源场站中的首个并网项目。该项目位于辽宁省朝阳市建平县，装机容量 150 兆瓦，送出线路全长 115 公里，设 220 千伏汇流站一座，500 千伏对侧变电站改造一座。项目建成后，年发电量约 4.2 亿千瓦时，节约标煤约 13 万吨，减排二氧化碳约 34 万吨，具有良好的经济效益、社会效益和环境效益。

新疆哈密十三间房风储一体化项目

2024 年 3 月，新疆 2024 年度首个并网发电的百万千瓦级新能源项目——哈密十三间房风储一体化项目首台风机成功并网发电，该项目也是新疆首个跨地域接入的市场化新能源项目。该项目占地面积约 231 平方公里，安装有 150 台中船海装 H176-6.7 兆瓦低温型风电机组，配套建设 30 万千瓦时至 120 万千瓦时储能电站，运用风储协同控制技术，实现对风资源的最大消纳利用，同时，储能系统可接受电网调度，全面提升供电可靠性。

该项目正式投运后，每年可贡献清洁电力约 30 亿千瓦时，相当于每年节约标煤约 90 万吨，减少二氧化碳排放量约 280 万吨，具有显著的经济效益与社会效益，将显著增强当地能源保供能力，持续推动能源绿色低碳转型和高质量发展。

3.2.2 未来三年发展展望

风电将呈现规模化与跨区域输配电协同的发展新格局，以“沙戈荒”为重点的大型风电光伏基地仍将是风电的主战场。2025 年国家能源局提出 2025 年全国发电总装机达到 36 亿千瓦以上，新增新能源发电装机规模 2 亿千瓦以上，跨省跨区输电能力持续提升。风电、光伏发电利用率保持合理水平，初步建成全国统一电力市场体系，资源配置进一步优化。根据国家能源局总体工作部署，到 2030 年，规划建设风光基地总装机约 4.55 亿千瓦，以“沙戈荒”为重点的大型风电光伏基地是未来一段时间新能源发展的主战场、主阵地，是新能源装机增长的基本盘。预计未来三年，在“三北”地区风电将按照基地化规模化开发，“沙戈荒”新能源基地建设持续加速，在东部沿海地区将继续推进深远海海上风电集群化开发，推进跨区域输配电体系建设。

风电技术不断取得突破。我国风电技术创新能力不断增强，单机容量不断增大，风轮直径不断增加，并网容量稳居全球首位，海上风电蓬勃发展逐渐走向深蓝。2024 年，陆上风电和海上风电的平均单机容量分别达到 6 兆瓦和 10 兆瓦以上。全球最大 15 兆瓦陆上风电机组、完全自主知识产权的全球最大 26 兆瓦级海上风电机组实现吊装和下线。变流器电压等级从 1140 伏再次尝试提升至 1800 伏。190 米混塔刷新全球混塔高度纪录。各大风机厂商凭借技术研发投入与产业链整合能力持续发力，推动行业呈现多维度突破态势。未来三年，风电行业预计在单机容量升级，核心部件创新、海风设备进阶等领域实现显著进展。

风电行业发展的挑战与机遇并存。2025 年 1 月 27 日，国家发展改革委、国家能源局联合发布《关于深化新能源上网电价市场化改革促进新能源高质量发展的通知》（发改价格〔2025〕136 号），标志着包括风电在内的新能源产业将全面驶入市场化定价的新航道，要求风电开发企业必须具备更强的市场研判能力和风险控制意识。优质风资源愈发稀缺，生态环保限制因素收紧，行业正转向比拼技术、管理、资金、市场交易能力的“综合实力”竞赛。面对市场化浪潮和日益严格的标准，未来三年，风电行业将在技术创新与市场拓展中不断寻求突破，风电送受端消纳技术优化、退役风机回收体系构建等现实课题，将是实现风电核心效能和全生命周期绿色闭环、降低产业环境成本的新要求。

3.3
太阳能发电

3.3.1 2024 年发展概况

1. 光伏发电

（1）光伏发电 2024 年发展概况

截至 2024 年底，全国光伏装机容量达 88666 万千瓦，较上年增长 45.2%，光伏发电装机占全国电源总装机容量达 26.5%。全年光伏发电新增并网装机 27757 万千瓦，新增装机较上年增长 28.3%。

光伏发电装机高速增长

光伏装机

↑45.2%

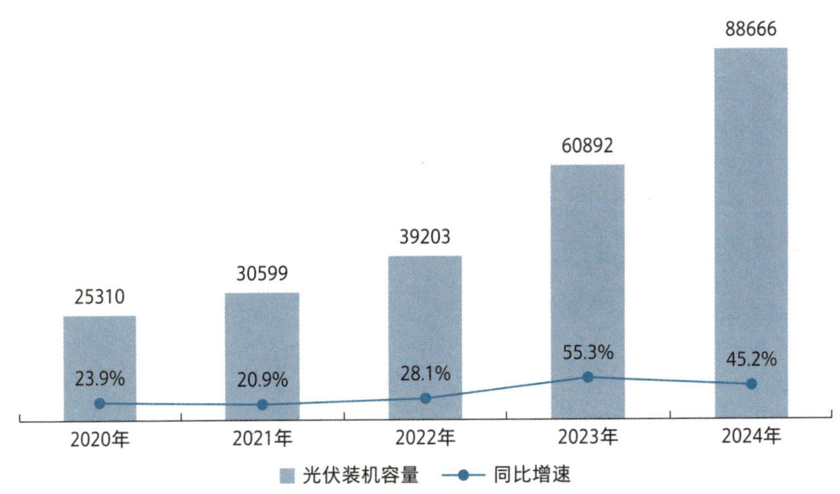

2020—2024 年全国光伏装机容量及同比变化

数据来源：国家能源局

华北地区新增光伏装机显著提升

华北地区新增光伏装机
↑59%

2024 年，华北地区合计新增并网光伏装机 7313 万千瓦，同比上升 59%。“三北”地区新增并网光伏装机占全国新增并网光伏装机容量的 51.2%。截至 2024 年底，华中、华东和南方地区新增并网光伏装机占比 48.8%，较 2023 年下降了 5.9 个百分点。

截至 2024 年底，山东、河北、江苏、新疆四省（区）的光伏装机超过 5000 万千瓦，内蒙古、浙江、河南、安徽、广东、云南、青海、湖北、山西、陕西、甘肃十一省（区）光伏装机均超过 3000 万千瓦，合计占全国光伏装机的 78.9%。

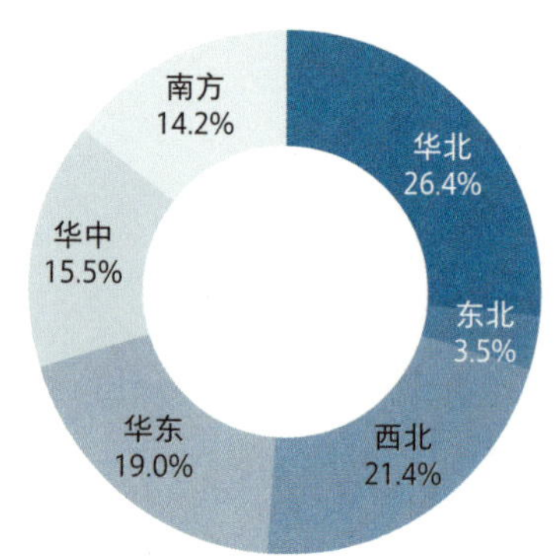

2024 年全国分区域光伏装机容量占比

数据来源：国家能源局

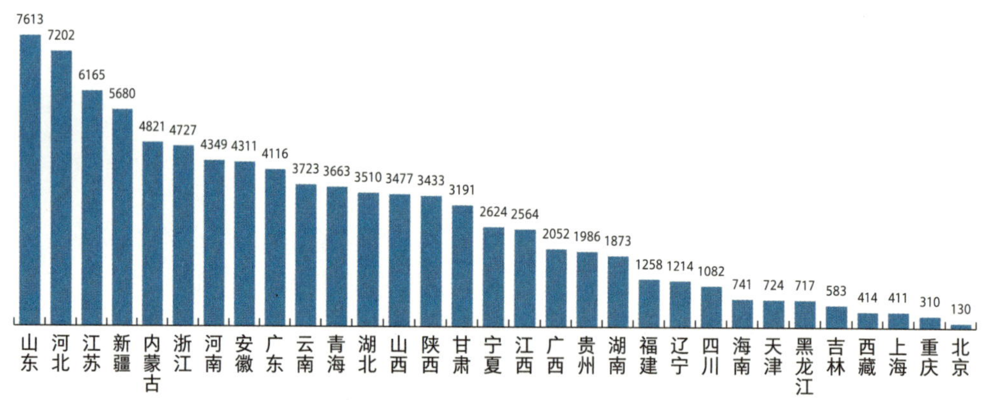

2024 年全国分地区光伏装机容量（万千瓦）

数据来源：国家能源局

光伏发电量持续快速增长

光伏发电量
↑43.7%

2024 年，全国光伏平均利用小时数 1142 小时，同比减少 36 小时；全年光伏发电量 8383 亿千瓦时，较上年增长 43.7%，占全国总发电量的 8.3%，占非化石电源发电量的 21.4%。2024 年全国光伏发电量大幅提升，较上年增加 2550 亿千瓦时，占非化石电源发电量增量的比重为 48.2%。

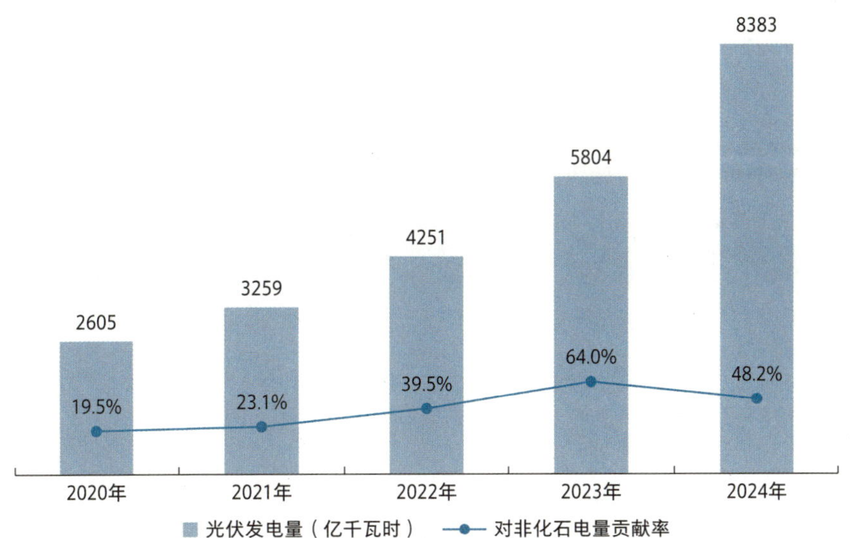

2020—2024 年全国光伏发电量及对非化石电量贡献率

数据来源：国家能源局

光伏发电利用率有所降低

2024 年，全国弃光电量合计 272.6 亿千瓦时，同比增加 153 亿千瓦时；平均弃光率 3.2%，同比上升 1.2 个百分点，处于较低水平。全国弃光主要集中在西北地区，弃光电量占全国 55.1%。甘肃、新疆光伏利用率同比分别下降 3.7 个百分点、4.7 个百分点至 91.3%、92.2%。

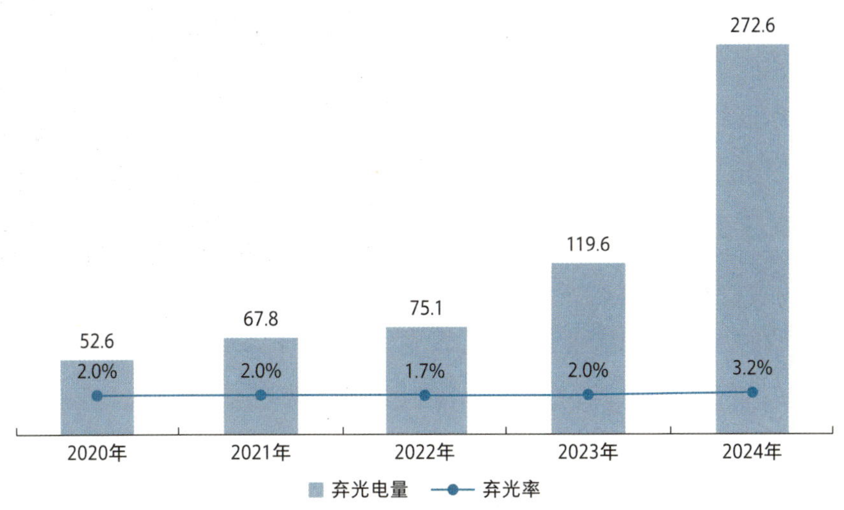

2020—2024 年全国弃光电量及弃光率

数据来源：国家能源局

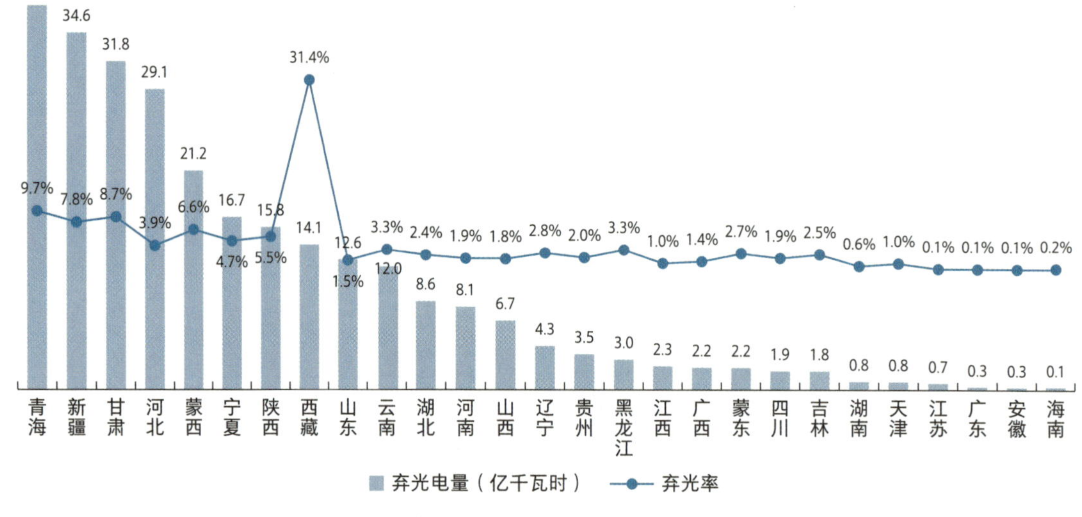

2024 年全国分地区弃光电量及弃光率

数据来源：国家能源局

（2）2024 年投产光伏发电典型项目

云南普洱市南屏西茶光互补项目

2024 年 1 月 30 日，由中国能建中电工程投资建设中电工程云南院 EPC 总承包的普洱市思茅区南屏西光伏项目成功实现全容量并网发电。项目位于云南省普洱市思茅区南屏镇，交流侧装机容量 60 兆瓦，由 20 个发电单元组成。光伏板采用 570/575 瓦单晶双面组件，配置 20 台箱变，200 台 300 千瓦逆变器，通过 II 回 35 千伏架空和直埋混合集电线路接入新建的 220 千伏升压站。以 I 回 220 千伏送出线路接入已建成的 500 千伏思茅变。为最大限度保障茶农利益，确保共赢发展，创新采用大间距、高支架、组件单排布置。

该项目是中国能建中电工程在普洱市投资的首个全容量并网发电的茶光互补项目。预计每年可生产绿电 1.05 亿度，每年可节约标准燃煤为 3.24 万吨，相应每年可减少多种有害气体和废气排放，其中二氧化碳约为 8.74 万吨，二氧化硫为

16.8 吨，烟尘 3.36 吨，氮氧化物 18.8 吨。项目的建成投产，为普洱市乃至云南省茶光互补项目的发展，树立了新的标杆，起到了积极的示范作用，真正做到了“板上发电，板下种茶”的农光互补模式，一地两用，共赢发展。

江苏东台渔光互补项目

2025 年 2 月，中国能建山西电建承建的东台沿海经济区 210 兆瓦渔光互补集中式发电项目（二标段）光伏区首批发电单元成功并网发电。

该项目位于江苏省盐城市东台市弶港镇附近鱼塘区域，占地约 4035.05 亩。项目采取分块发电、集中并网的技术方案，所发电量全部上网。预计年平均发电量可达 27956.16 万千瓦时，每年可节约标准煤约 84064.18 吨，减少二氧化碳排放约 230358.77 吨，减少二氧化硫排放约 23.2 吨，对优化当地能源结构，减少环境污染，节约大量淡水资源，减少碳排放，改善大气环境有积极的作用。

内蒙古托克托县大唐呼铝光伏项目

2025 年 1 月 21 日，中国能建山西电建承建的大唐呼铝电燃煤自备电厂可再生能源替代 360 兆瓦光伏发电工程三标段 PC 施工总承包项目全容量并网。该项目位于内蒙古托克托县伍什家镇，总装机容量为 360 兆瓦，发电系统共包含 116 个子方阵，通过新建 220 千伏升压站及 1 回 220 千伏线路直接接入该公司自备电厂 220 千伏变电站。

项目建成后，年发电量可达 7 亿千瓦时，每年可节约标煤约 17 万吨、减少碳排放量 47 万吨，将有效降低化石能源消费量，提升地区新能源消纳比例，为地区可持续发展作出积极贡献。

沙特阿尔舒巴赫 2.6 吉瓦光伏项目

2025 年，当地时间 1 月 15 日，中国能建国际集团、广东火电、西北院联营体总承包建设的中东最大光伏项目——沙特阿尔舒巴赫 2.6 吉瓦光伏电站全容量并网投运。项目位于沙特麦加省吉达市，总装机容量 2.6 吉瓦，由 ASB1-600 兆瓦和 ASB2-2000 兆瓦组成，是沙特“2030 愿景”新能源计划的重要组成部分。项目占地面积 52.54 平方公里，采用当前全球最先进的 N 型双面光伏组件和平单轴自动跟踪式支架。

项目建成后，预计未来 35 年电站总发电量约 2822 亿千瓦时，折算二氧化碳减排量近 2.45 亿吨，相当于在沙特沙漠中种下 5.45 亿棵树，将成为中沙企业推进沙特“2030 愿景”的重要里程碑，是共建“一带一路”倡议与沙特国家发展战略深度对接的又一重要成果。

云南迪庆华能纳古光伏发电项目

2024 年 12 月 24 日，世界海拔最高的光伏项目——华能纳古光伏电站一期项目在云南迪庆并网发电。电站所在地最高海拔超 5240 米。

华能纳古光伏电站是华能澜沧江水风光一体化清洁能源基地的重要建设项目，一期项目占地面积达 1900 亩，大小约 177 个标准足球场，在 4800 米至 5300 米海拔建设 32 个光伏阵列区，安装约 20 万块双面双玻光伏组件，总装机规模达 10 万千瓦。一期项目建成后，年平

均发电量 1.58 亿千瓦时，可节约标准煤 4.74 万吨，减少二氧化碳排放 12.4 万吨。

华润肇庆怀集润洲 100MW 复合光伏发电项目

2024 年 11 月，中国葛洲坝集团电力有限责任公司承建的华润肇庆怀集润洲 100MW 复合光伏发电项目完工。

项目位于广东省肇庆市怀集县冷坑镇，属山地地貌类型。项目直流侧总装机容量 116.05MWp。项目以山地的农光互补为主，渔光互补为辅，其中农光互补占比约 85%。项目采用柔性支架安装方式，其中山地部分采用中跨距结构柔性支架，结构跨度 0–18 米；水塘部分采用大跨距结构柔性支架，结构跨度 30 米 –45 米，提高了山区农业喜阴经济作物的种植效益和渔业养殖产量，有效地解决特殊场景下光伏支架的适应性和经济性问题，为农光互补和渔光互补复合发电的光伏项目提供了新的解决方案。

西藏阿里地区 5 万千瓦 +4 万千瓦时构网型储能发电项目

2024 年 10 月 31 日西藏阿里地区光储发电保供项目——中国能建葛洲坝一公司投建营一体化的西藏阿里地区 5 万千瓦 +4 万千瓦时构网型储能发电项目顺利并网。

该项目位于西藏阿里地区噶尔县，场区平均海拔 4650 米，占地约 957 亩，总装机容量为 50 兆瓦，新建 1 座 10 兆瓦 /40 兆瓦时储能电站和 1 座 110 千伏升压站。

项目建成后，首年发电小时数可达 2150 小时，每年可为电网提供清洁电能 1.045 亿千瓦时，每年可节约标准煤约 3.4 万吨，将有效缓解阿里地区冬季电力紧张现状，助力西藏建设国家清洁能源接续基地和国家清洁可再生能源利用示范区，具有显著的环境效益和社会效益。

2. 光热发电

（1）光热发电 2024 年发展概况

截至 2024 年底，我国并网光热发电机组容量 83.8 万千瓦，包括 19 座光热电站，最大装机规模 110 兆瓦，最小装机规模 0.2 兆瓦。目前我国光热发电累计装机容量中，熔盐塔式装机容量 481 兆瓦，占比约 57.4%，导热油槽式 191 兆瓦，占比约 22.7%，熔盐线性菲涅尔式 166 兆瓦，占比约 19.9%，超临界二氧化碳太阳能热发电 0.2 兆瓦（全球首座第四代太阳能热发电系统）。光热发电在建装机约为 330 万千瓦，共 34 个项目，规划装机约 475 万千瓦 ~480 万千瓦，共计 37 个项目。

随着运行经验的积累和运行水平的逐步提高，各光热示范电站的运行性能不断提高，逐步进入稳定发电期，发电量显著提升，2024 年发电量总量 11.7 亿千瓦时，同比增长 14.7%。

（2）光热发电示范项目运行情况

新疆哈密“线性菲涅尔”光热综合能源示范项目

2024 年 12 月 22 日，哈密百万千瓦“光热 + 光伏”一体化综合能源示范项目实现并网发电，也是全国最大的“线性菲涅尔”光热综合能源示范项目。该项目全部投产后，光热储能电站将作为基础调节电源，与配套的光伏形成多能互补清洁能源基地，每年可为当地提供约 18.6 亿千瓦时清洁电能，减排二氧化碳超过 150 万吨。

“线性菲涅尔”是最前沿的光热技术路线之一，利用法国物理学家菲涅尔提出的光的反射和折射原理，通过太阳能的转化来发电。该示范项目总装机容量达到 100 万千瓦，其中包括 10 万千瓦的“线性菲涅尔”光热储能电站和 90 万千瓦的光伏电站。光热电站太阳能集热的面积达到 80 万平方米，使用熔盐作为储存太阳能热量的介质，配置 8 小时熔盐储热系统。

青海德令哈光热储一体化项目

2024 年 12 月 13 日，中广核德令哈 100 万千瓦光热储一体化项目中的 80 万千瓦光伏发电部分并网发电。该项目位于青海省海西蒙古族藏族自治州德令哈市光伏（光热）产业园区，采用光伏发电与光热熔盐储能相结合的技术，总装机容量 100 万千瓦，项目储能配比率高达 25%。此次并网发电的 80 万千瓦光伏发电部分，采用“分块发电、集中并网”的总体设计方案，通过新建 330 千伏升压站接入电网。

项目全部建成投产后，预计年上网电量可达 18 亿千瓦时，等效节约标煤消耗约 55 万吨，减排二氧化碳约 130 万吨。

甘肃阿克塞汇东新能源光热 + 光伏试点项目

2024 年 11 月 29 日，甘肃阿克塞汇东新能源光热 + 光伏试点项目实现全容量并网发电。项目位于甘肃省酒泉市阿克塞哈萨克族自治县四十里戈壁千万千瓦级太阳能热发电基地内，总体装机容量 750 兆瓦，其中光热发电 110 兆瓦，光伏发电 640 兆瓦，是我国首批光热 + 示范电站，也是国内在建单机规模最大的塔式光热发电项目。

该项目并网发电后可实现年均上网电量 17 亿千瓦时，每年可节约标准煤 50.7 万吨，减排二氧化碳 147 万吨，相当于植树造林 120 万亩。

甘肃玉门“光热 +”示范项目

2024 年 9 月 20 日，由中国能建中国电力工程顾问集团西北电力设计院有限公司（简称：西北院）EPC 总承包建设的全球装机规模最大的熔盐线性菲涅尔光热储能项目——玉门“光热 +”示范项目 10 万千瓦光热储能项目正式并网发电。

玉门“光热储能 + 光伏 + 风电”示范项目位于甘肃玉门市红柳泉风光储综合能源示范基地，是国家第一批“沙戈荒”大型风光基地的配套项目，是甘肃省首批“光热 + 新能源”示范项目之一，总装机容量达 700 兆瓦，其中的 100 兆瓦光热储能项目由西北院总承包建设，是目前全球装机容量最大的熔盐线性菲涅尔光热电站，集热面积达 130 万平方米，使用二元熔盐作为吸热、储热介质，配置 8 小时熔盐储热系统。

示范项目建成后，年上网新能源发电量约 17.5 亿千瓦时，可供 350 万个家庭一年的用电，年可节约标准煤 52.1 万吨，减排二氧化碳 135.3 万吨，相当于植树造林 140 万亩，经济和生态效益显著。

3.3.2 未来三年发展展望

1. 光伏发电

大型光伏基地加速布局，技术融合与消纳能力提升。截至 2025 年 3 月，中国首批“沙戈荒”新能源基地项目已基本建成并网，第二批、第三批项目正加快推进，总规模超 130GW。2025 年全国能源工作会议明确要求加快第二批、第三批基地建设，预计未来三年新增风电光伏装机年均 2 亿千瓦左右。技术融合方面，基地通过“风光火储一体化”模式实现多能互补，如库布齐沙漠基地配套 160MW/320MWh 储能电站，采用液冷散热技术增强稳定性；腾格里基地则通过独立储能电站将弃光率降至 4.7% 以下。

分布式光伏有序增长，政策驱动行业健康发展。截至 2024 年底，全国分布式光伏累计装机达 3.7 亿千瓦，占光伏总装机的 42%。未来三年，行业增速将趋稳，但更注重质量优先。例如，江苏、安徽等地已通过承载力评估机制动态调整红绿区范围，推动分布式光伏布局科学化。2025 年 1 月，国家能源局发布《分布式光伏发电开发建设管理办法》（国能发新能规〔2025〕7 号），通过回归就近消纳本质、强化备案主体责任和优化消纳上网模式，有效促进分布式光伏发电行业的规范化、可持续发展。未来三年，分布式光伏将聚焦高质量开发，重点解决消纳难题，例如通过虚拟电厂、智能微电网整合分布式资源，提升经济性。

行业整合深化，技术成本持续下降。2024 年光伏行业因产能过剩导致竞争加剧，产业链各环节价格大幅下探，二三线企业因现金流压力加速出清，全年行业退出产能超 200GW。头部企业则通过技术迭代和全球化布局（如隆基、晶科东南亚基地产能占比超 40%）巩固优势，行业集中度显著提升，2024 年全球组件 CR5（前五企业市占率）达 75%，较 2022 年提高 15 个百分点。预计 2025 年产业链价格将逐步回稳，硅料、组件环节盈利修复，龙头企业通过垂直一体化整合和差异化技术路线将进一步拉开竞争差距。预计到 2027 年，光伏技术成本将持续下降，同时辅材国产化替代的加速，叠加智能制造和零碳工厂的规模化应用，将进一步夯实中国光伏的全球竞争力，行业将迈入“技术主导、成本为先”的高质量发展新周期。

未来三年光伏发电将持续高质量发展：集中式基地主导装机增长，分布式转向精细化运营；技术迭代（TOPCon、BC）与成本下降推动全球竞争力；行业整合加速，头部企业主导市场。

2. 光热发电

规模化开发提速，促进成本下降。2021 年 10 月，国务院印发《2030 年前碳达峰行动方案》，提出“积极发展太阳能光热发电，推动建立光热发电与光伏发电、风电互补调节的风光热综合可再生能源发电基地”。2023 年 3 月 20 日，国家能源局综合司印发了《关于推动光热发电规模化发展有关事项的通知》，要求结合沙漠、戈壁、荒漠地区新能源基地建设，尽快落地一批光热发电项目。国家能源局明确要求风光大基地配套光热项目，目前已有超 150 万千瓦光热项目纳入规划，例如新疆南疆塔克拉玛干沙漠基地（光热 + 光伏 850 万千瓦）和甘肃腾格里基地（光热 20 万千瓦）。

技术突破与多场景应用。光热技术向高能量密度方向演进，中广核等企业已实现熔盐槽式集热器国产化突破。2025 年，光热发电与光伏、风电的互补模式（如“风光热储”一体化）成为主流，尤其在西北高寒地区，光热电站兼具发电与供热功能，拓展至工业蒸汽、建筑供热、集中供暖等场景。

政策支持与市场化机制完善。地方政策继续推动项目落地，例如内蒙古阿拉善布局长时储热项目，青海启动全国首批 350 兆瓦光热示范项目招标，上网电价按每千瓦时 0.55 元（含税）执行。国家层面，光热发电纳入可再生能源配额制，并探索“保量保价”与竞价并行的电价机制，增强项目收益确定性。到 2028 年，光热装机规模预计突破 10GW，成为新型电力系统的重要调节电源。

未来三年光热发电将加速发展，规模化开发与成本下降并行，政策支持从补贴转向市场化机制，成为一种灵活调节电源。

3.4 生物质发电

3.4.1 2024 年发展概况

生物质发电装机增速放缓

截至 2024 年底，全国生物质发电装机容量达 4599 万千瓦，较上年增长 4.2%，增速较上年下降 2.5 个百分点，生物质发电装机占全国电源总装机容量达 1.4%。其中，垃圾焚烧发电新增装机达 161 万千瓦，占新增生物质发电装机的 87.2%，累计装机容量达到 2738 万千瓦。

2024 年，全国生物质发电量 2097 亿千瓦时，较上年增长 5.0 %，占全国总发电量的 2.1%。

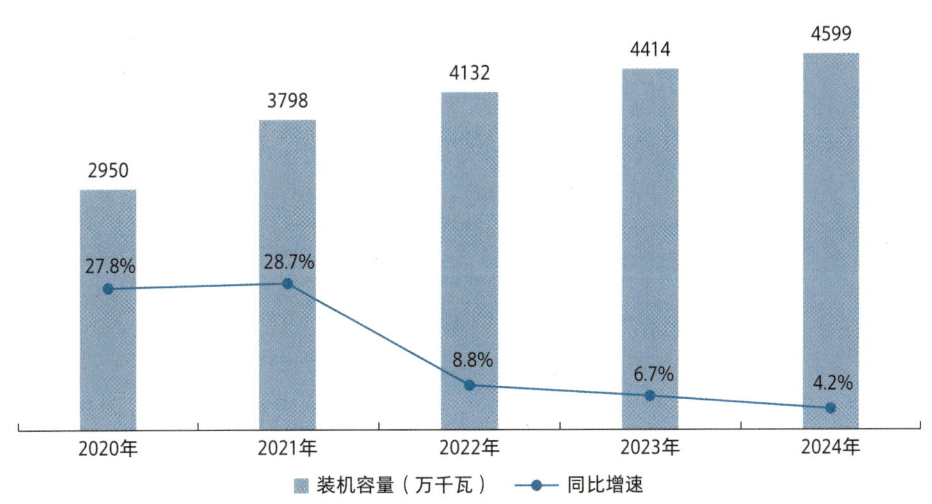

2020—2024 年全国生物质发电装机容量及同比变化

数据来源：《中国电力统计年鉴（2021—2024）》《2024 年全国电力工业统计快报》

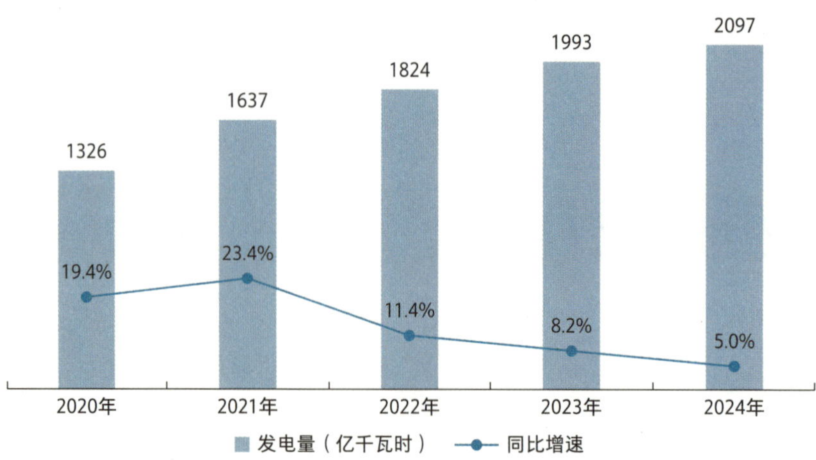

2020—2024 年全国生物质发电量及同比变化

数据来源：《中国电力统计年鉴（2021—2024）》《2024 年全国电力工业统计快报》

生物质发电受资源条件和地方政策影响较大，西北地区需加大生物质发电开发力度

截至 2024 年底，华北、华东、华中和南方地区生物质发电装机占全国生物质发电总装机的 83.7%。未来西北地区的生物质发电有待进一步开发。2024 年，华东和华中地区垃圾焚烧发电装机达 1375.4 万千瓦，占全国垃圾焚烧发电装机的 50.2%。生物质发电受资源条件和政策影响较大，随着国家补贴逐渐退坡，地方政策对生物质发电的影响将逐渐增加。资源富集地区和财政支持力度较大的地区，生物质发电将更快发展。

截至 2024 年底，广东、山东、江苏、浙江、黑龙江五省（区）生物质发电装机容量合计约 1856 万千瓦，占比约 40.4%，较 2023 年上升 0.1 个百分点，全国生物质发电布局逐渐优化。广东、河南、湖南、山东、浙江、黑龙江六省新增生物质发电装机均超过 10 万千瓦，合计占全国新增生物质发电装机的 62.3%。

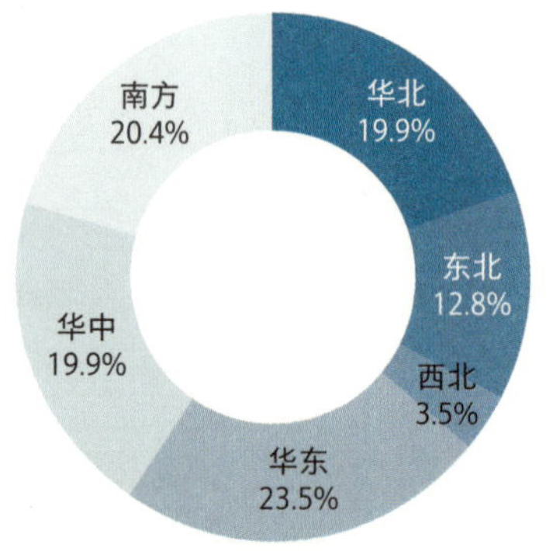

2024 年全国分区域生物质发电装机容量占比

数据来源：国家能源局

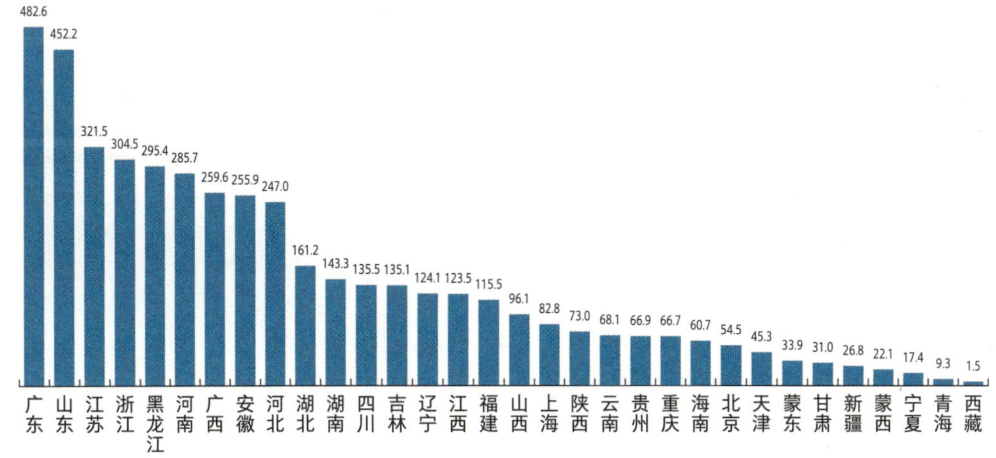

2024 年我国分地区生物质发电装机容量（万千瓦）

数据来源：国家能源局

3.4.2 未来三年发展展望

国家鼓励合理开发利用生物质能，因地制宜发展生物质发电和生物质能清洁供暖。生物质发电将继续向热电联产升级，推动生物质发电健康发展。沼气发电装机整体规模较小，仍有较大发展空间，预计沼气发电项目将持续增加。生物质发电的电价补贴机制退出后，随着燃煤耦合生物质发电技改试点项目的推进，在配套激励政策完善、生物质掺烧量满足社会现状的情况下，将对建设成本低、技术成熟可靠的生物质掺烧发电市场起到促进作用。进一步探索生物燃料掺烧、绿氨、碳捕集利用封存等技术应用，促进煤电机组碳排放持续下降，为实现非化石能源对化石能源的安全、可靠、有序替代提供有力支撑。

3.5 核电

3.5.1 2024 年发展概况

核电装机稳步增长

总装机
6083 万千瓦

截至 2024 年底，我国并网运行的核电机组 58 台，总装机容量为 6083 万千瓦，机组数量仅次于美国，并网装机容量仅次于美国和法国。我国核电装机容量占电源总装机容量的 1.8%，占我国非化石电源装机容量的 3.1%。2024 年新增 3 台并网机组，分别为防城港核电厂 4 号机组、漳州核电厂 1 号机组和国和一号示范工程 1 号机组，装机容量约 385 万千瓦。

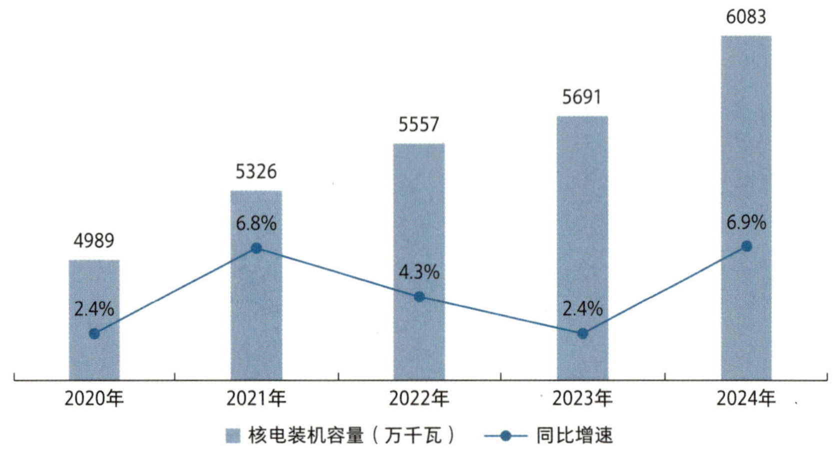

2020—2024 年我国核电装机容量及同比变化

数据来源：国家核安全局网站、《2024 年全国电力工业统计快报》

核电在建机组居全球第一

截至 2024 年底，我国在建核电机组共 27 台，总装机容量约 3231 万千瓦，分布在辽宁、山东、江苏、浙江、福建、广东、海南省（区）。其中，2024 年新开工 6 台机组，分别为辽宁徐大堡核电厂 2 号机组、山东石岛湾扩建工程 1 号机组、福建宁德核电厂 5 号机组、福建漳州核电厂 3、4 号机组、广东廉江核电厂 2 号机组。在建核电机组采用的技术路线包括“华龙一号”“国和一号”“玲龙一号”、CAP1000、VVER-1200 以及快堆。

我国在建核电机组一览表（截至 2024 年底）

省份	机组	容量（万千瓦）	堆型	主要投资方
辽宁	徐大堡 1、2 号	2×129.1	CAP1000	中核
	徐大堡 3、4 号	2×127.4	VVER-1200	中核
山东	海阳 3、4 号	2×125.3	CAP1000	国电投
	石岛湾扩建工程 1 号	122	华龙一号	华能
	国和一号示范 2 号	153.4	国和一号	国电投
江苏	田湾 7、8 号	2×127.4	VVER-1200	中核
浙江	三门 3、4 号	2×125.1	CAP1000	中核
	三澳 1、2 号	2×120.8	华龙一号	中广核
福建	漳州 2 号	112.6	华龙一号	中核
	漳州 3、4 号	2×121.2	华龙一号	中核
	宁德 5 号	122	华龙一号	中广核
广东	太平岭 1、2 号	2×112.6	华龙一号	中广核
	陆丰 5、6 号	2×120	华龙一号	中广核
	廉江 1、2 号	2×125.3	CAP1000	国电投
海南	昌江 3、4 号	2×120	华龙一号	华能
	昌江小堆示范工程	12.5	玲珑一号	中核

数据来源：国家核安全局网站

截至 2024 年底，我国核电集中在沿海的辽宁、山东、江苏、浙江、福建、广东、广西和海南八省（区）。其中，广东、福建、浙江三省在运核电装机合计 3746.2 万千瓦，约占我国核电总装机的 61.6%。

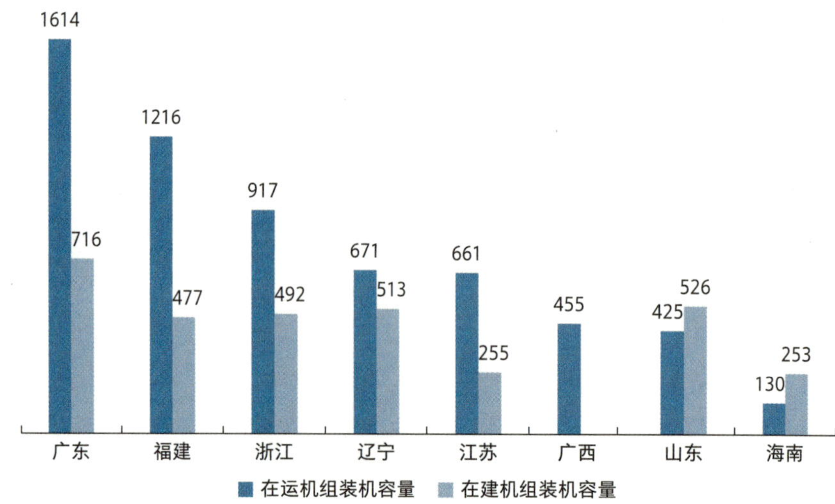

我国各省份在运在建核电机组情况（截至 2024 年 12 月 31 日）

数据来源：国家核安全局网站

核电发电量持续增长，占总发电量和非化石电源发电量比重与去年基本持平

核电平均利用小时数保持高位

2024 年，我国核电发电量 4469 亿千瓦时，约占我国电源总发电量的 4.4%。2024 年平均年利用小时数 7683 小时，持续保持高位。

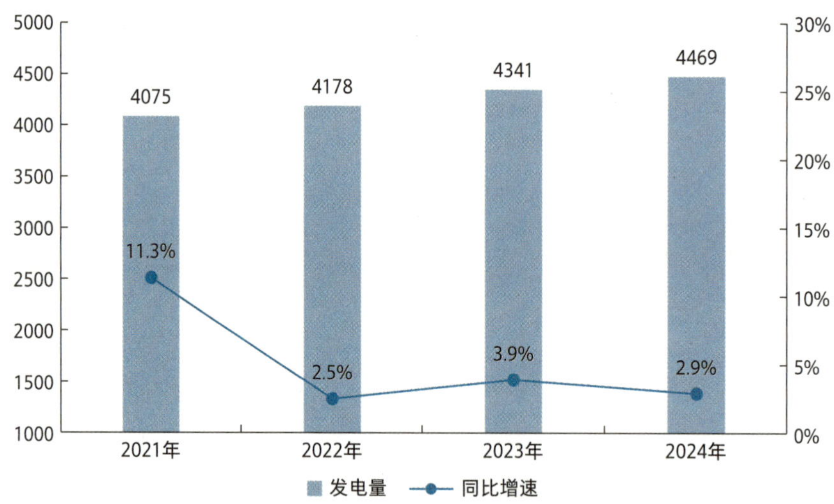

2020—2023 年我国核电发电量及同比变化

数据来源：《中国电力统计年鉴（2021—2024）》《2024 年全国电力工业统计快报》

3.5.2 未来三年发展展望

预计未来三年我国新投运的压水堆核电项目主要有：漳州核电厂 2 号机组、山东荣成国和一号示范工程 2 号机组、三澳核电厂 1、2 号机组、太平岭核电厂 1、2 号机组、昌江核电厂 3、4 号机组、徐大堡核电厂 3、4 号机组、田湾核电厂 7、8 号机组、海阳核电厂 3 号机组、三门核电厂 3 号机组、陆丰核电厂 5 号机组，以及海南昌江多用途模块式小型堆科技示范工程等，未来三年核电装机规模接近 7950 万千瓦。

太平岭核电厂 1、2 号机组工程

广东太平岭核电厂位于广东省惠州市惠东县黄埠镇，是我国首个生态核电建设示范基地，粤港澳大湾区首个“华龙一号”核电基地。电厂规划建设 6 台百万千瓦级压水堆核电机组，拟采用华龙一号压水堆技术方案。一期工程 1、2 号机组已分别于 2019 年 12 月和 2020 年 10 月开工建设。目前，1 号机组已完成成热试、首次非核冲转等关键节点，整体进度已从设备调试阶段向商运发电阶段冲刺。2 号机组也顺利完成开盖冷试等关键节点。

太平岭核电厂

来源：中国核能行业协会网站

昌江核电厂 3、4 号机组工程

海南昌江核电厂二期工程

来源：南海网

海南昌江核电厂位于海南省昌江县海尾镇塘兴村，是海南加快建设具有中国特色自由贸易港的支柱性能源保障项目。一期工程 2 台 650 兆瓦压水堆核电机组已分别于 2015 年、2016 年投产。二期工程采用了我国具有自主知识产权的“华龙一号”技术，建设 2 台单机容量 1200 兆瓦的压水堆核电机组，均于 2021 年开工建设。目前，3 号机组已成功完成一回路冷态性能试验，4 号核岛主设备全部就位，预计于 2026 年建成。

田湾核电厂 7、8 号机组工程

田湾核电厂

来源：新华社

江苏田湾核电厂位于江苏省连云港市连云区，是中俄两国政府加深政治互信、发展经济贸易、加强国际战略协作，共同推动中俄两国核能合作的标志性工程。电厂已建成 6 台压水堆核电机组，7、8 号机组工程采用与俄方合作的 VVER-1200（AES-2006）堆型，单机容量 1265 兆瓦。目前，2 台机组主要土建工作已经完成，进入设备安装高峰期，预计在 2026 年的 10 月份和 2027 年的 8 月份分别正式商运。

3.6
气电

3.6.1　2024 年发展概况

截至 2024 年，我国气电总装机容量 14367 万千瓦，同比增长 13.8%，装机容量占我国电源总装机容量的 4.3%，增速逐步趋稳。

2024 年，我国气电发电量 3187 亿千瓦时，同比增加 3.3%，占我国发电量的 3.2%。

气电装机保持平稳增长

气电装机
↑13.8%

总装机
14367 万千瓦

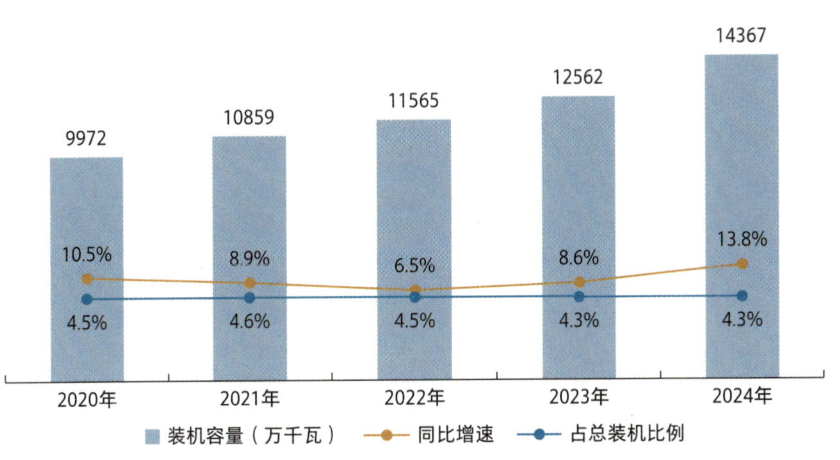

2020—2024 年我国气电装机容量及同比变化

数据来源：《中国电力统计年鉴（2021—2024）》《2024 年全国电力工业统计快报》

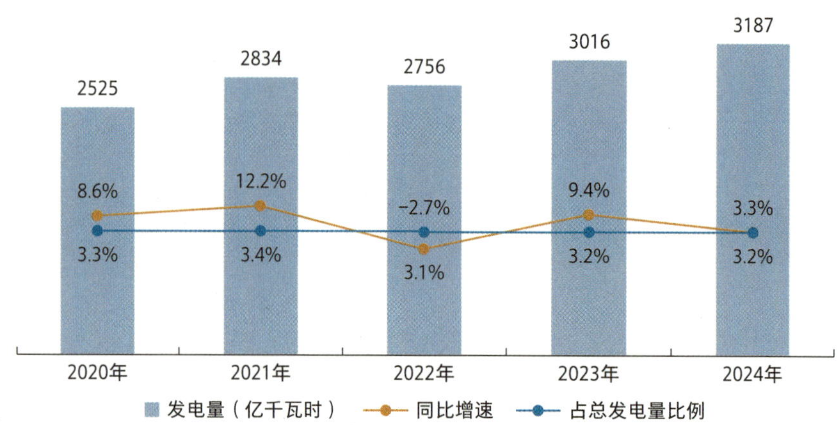

2020—2024 年我国气电发电量及同比变化

数据来源：《中国电力统计年鉴（2021—2024）》《2024 年全国电力工业统计快报》

气电主要集中在经济发达地区

广东、江苏、浙江、北京、上海等地气电装机合计占比

72.6%

受气源、气价等因素影响，新增投产项目仍主要集中在经济较发达地区。广东、江苏、浙江、北京、上海五省（市）气电装机容量合计约 10428 万千瓦，占比约 72.6%。

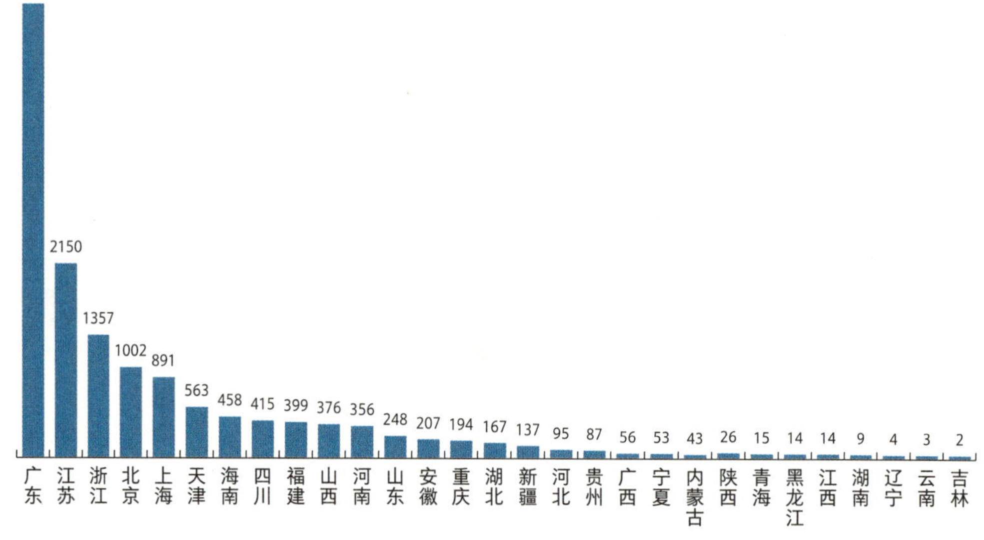

2023 年我国分地区气电装机容量（万千瓦）

数据来源：国家能源局

自主研制 300 兆瓦级 F 级重型燃气轮机实现新突破

300 兆瓦级 F 级重型燃气轮机

300 兆瓦级 F 级重型燃气轮机是我国自主研制的功率最大、技术等级最高的燃气轮机，由中国联合重型燃气轮机技术有限公司研发。2024 年该型燃机连续取得重要进展，突破透平叶片精密铸造等 90 余项关键技术，先后完成样机总装下线、点火、满负荷试验。2 月 28 日，首台样机在上海临港总装下线；10 月 7 日，首次点火成功。这是我国重型燃气轮机自主创新发展历程中的重要里程碑，标志着我国大功率重型燃气轮机首次走完基于正向设计的制造全过程，全面进入整机试验与验证的最终阶段。

国产 30MW 级纯氢燃气轮机取得重大进展

明阳“木星一号”30MW 级纯氢燃气轮机

“木星一号”30MW 级纯氢燃气轮机由明阳智能子公司明阳氢燃联合国内外专家团队和 60 余家产业链企业共同研发，是目前全球单机功率最大的纯氢发电机组。2024 年 12 月，“木星一号”纯氢燃机整机试验首次点火成功；2025 年 3 月，“木星一号”纯氢燃机顺利完成全速空载试验。“木星一号”纯氢燃机采用微预混低排放燃烧技术，通过微预混燃烧室气动热力设计、仿真分析、结构设计多轮迭代，采用 3D 打印技术完成一体化燃烧室喷嘴制造，攻克了氢气燃烧“易回火、强振荡、排放高”三大技术难关，形成了自主知识产权的纯氢燃气轮机燃烧室设计和控制技术。本次整机试验点火和全速空载试验圆满成功，为我国“风光氢储燃”一体化示范和应用奠定了基础。

3.6.2 未来三年发展展望

1. 加快推进燃机装备及运维国产化

近两年，国内燃机技术取得了较大进步，在部分关键技术领域取得了技术突破，正在逐步缩小与国外燃机技术水平的差距。2023 年 3 月，东方电气自主研制的首台国产 F 级 50 兆瓦重型燃气轮机商业示范机组正式投入运行。2023 年 6 月，中国航发自主研制的 110 兆瓦国产重型燃气轮机“太行 110”通过产品验证鉴定。2024 年，中国重燃自主研制的 300 兆瓦级 F 级重型燃气轮机先后完成样机总装下线、点火、满负荷试验。未来三年，第一批燃气轮机创新发展示范项目将陆续投运，国产 50 兆瓦、110 兆瓦、300 兆瓦级重型燃机将完成更多工程应用，这都将推动我国建立完善的燃气发电技术体系。此外，在地缘政治冲突不断的国际经济与安全局势下，国内还将加速突破现役燃机自主服役维护技术瓶颈，提升自主生产、检测、评估、修复等能力，进一步扩大本土检修运维份额，降低检修运维成本和风险。

2. 支撑“双碳”目标下新型电力系统建设

燃气发电由于具有启停灵活、响应速度快、调节范围广、能量密度高、布置简单、可靠性高等特点，作为最具优势的灵活调节电源，将在新型电力系统的构建和发展中发挥重要作用。未来，一是进一步提高在役燃气发电机组的运行灵活性和可靠快速调节能力，确保新型电力系统的安全可靠运行并适应新型电力系统及不断变化的需要。二是积极拓展燃机掺氢、掺氨以及低热值气体等多元燃料应用，逐步提高掺氢比例，积极探索纯氢燃烧的可能性，降低碳排放。三是在智能监盘预警、健康状态评估、故障诊断与预测、运行优化等方面引入数智化技术，通过“大数据 +”“大模型 +”等技术的应用，提高天然气发电运营效率。

3.7
煤电

3.7.1　2024 年发展概况

截至 2024 年底，我国煤电装机容量 119498 万千瓦，同比增长 2.6%，占我国电源总装机容量的 35.7%。

煤电装机增速持续放缓

煤电装机
↑2.6%

总装机
119498 万千瓦

	2020年	2021年	2022年	2023年	2024年
装机容量（万千瓦）	108263	110962	112434	116493	119498
同比增速	4.0%	2.5%	1.3%	3.6%	2.6%

2020—2024 年我国煤电装机容量及同比变化

数据来源：《中国电力统计年鉴（2021—2024）》《2024 年全国电力工业统计快报》

截至 2024 年底，内蒙古、山东、江苏、新疆、山西、广东、河南、陕西、安徽、浙江十省（区）煤电装机容量超过 5000 万千瓦，占我国煤电总装机容量的 64.4%。

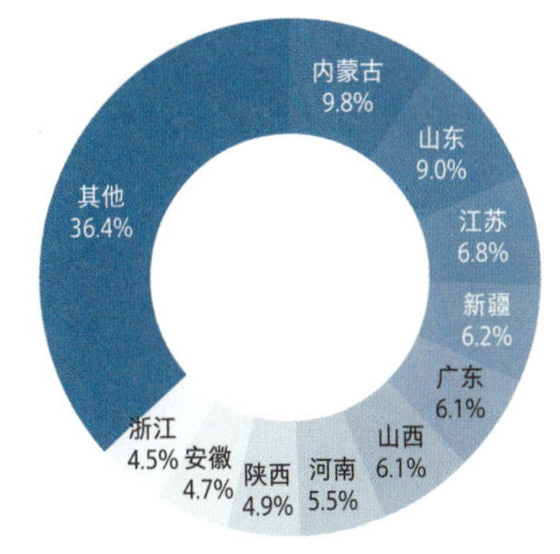

2024 年我国分地区煤电装机容量占比

数据来源：国家能源局

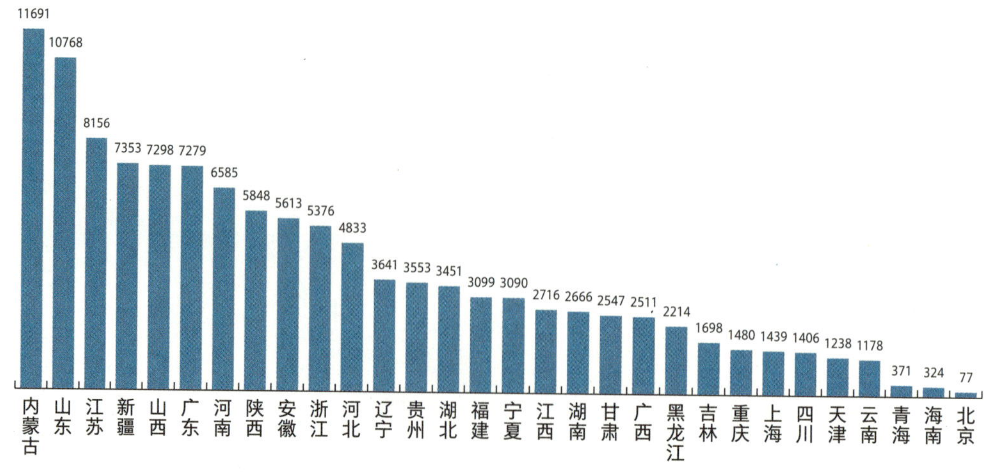

2024 年我国分地区煤电装机容量（万千瓦）

数据来源：国家能源局

2024 年，我国煤电发电量 54345 亿千瓦时，占我国总发电量的 53.9%。

2024 年，我国煤电利用小时数 4628 小时，较去年有所下降，同比下降约 62 小时。

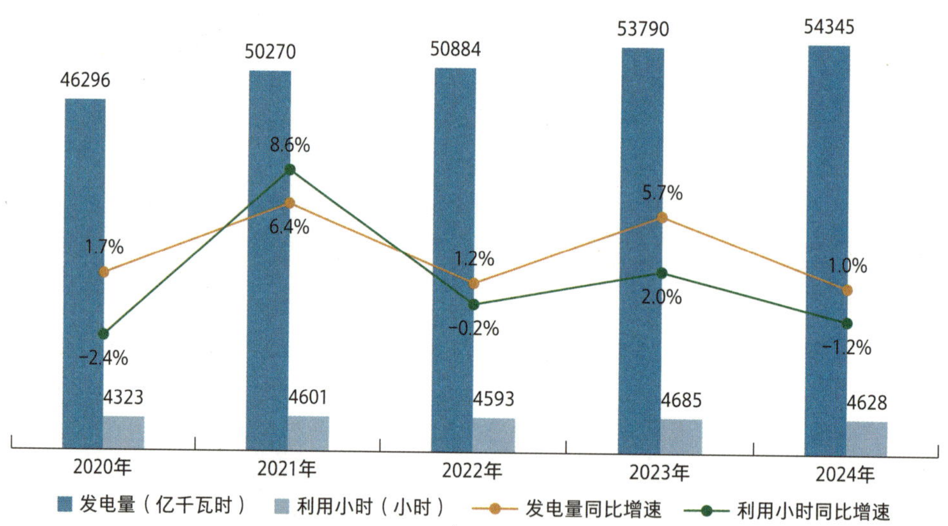

2020—2024 年我国煤电发电量及同比变化

数据来源：《中国电力统计年鉴（2021—2024）》《2024 年全国电力工业统计快报》

河北定州电厂智能发电关键技术研发项目

河北定州电厂依托定州电厂一期 1、2 号机组，成功搭建了“无人值守”的智能发电平台。该智能发电平台将运行人员操作经验与人工智能、数据挖掘、自然语言处理等技术结合，推动煤电机组数字化转型，相继突破了制粉系统自主启停、全过程自主控制、自主决策等技术。2024 年 9 月，面向“无人值守”的智能发电关键技术研发项目完成 168 小时不间断连续运行测试。

河北定州电厂

河北龙山电厂抽汽蓄能熔盐储热调峰灵活性改造示范项目

河北龙山电厂实施了 1 号 600 兆瓦亚临界煤电机组熔盐储热深度调峰及顶峰创新示范项目，采用多源抽汽—配汽调控技术，新增深度调峰能力 100 兆瓦，最大发电出力由 600 兆瓦提升至 647 兆瓦。储热调峰时长 4 小时，放热时长 6 小时，机组调频能力与 AGC 响应速率提高 1.5 倍。该示范项目于 2025 年 1 月通过试运行，完成 100 兆瓦深度调峰和 40 兆瓦顶峰测试，储、放热系统参数稳定。

河北龙山电厂抽汽熔盐储热项目

盘山电厂创新升级及延寿改造项目

该项目作为国家能源局批复的国家能源领域首台（套）重大技术装备示范项目，是国内首个实现参数跨代升级，升级改造后主设备具备延寿 30 年能力的大型改造项目。

盘山电厂创新升级及延寿改造项目

盘山电厂原有两台 530MW 俄制超临界机组，于 1996 年投产。盘山电厂实施的创新升级及延寿改造项目，采用国内先进技术，将原有的两台超临界机组升级改造为国产高效超超临界机组，实现了参数跨代升级，升级改造后主设备具备延寿 30 年能力，机组供电煤耗降低 14%，供热能力提高两倍以上，工程造价仅为同类新建机组的 56%。2024 年 9 月 30 日，由国家能源集团、哈电集团联合承担实施的 1 号机组升级改造工程实现满负荷试运行。

3.7.2 未来三年煤电转型升级展望

当前，我国电力系统正处于加速转型期，新型电力系统建设仍需要煤电持续发挥支撑性、调节性作用，随着新能源渗透率迅速提升，系统对煤电的涉网性能和安全可靠运行提出更高的要求。另一方面，煤电也是我国电力行业碳排放的主要来源，“双碳”目标背景下煤电清洁低碳转型已成必然趋势。为保障电力安全供应，夯实煤电兜底保障作用，积极推进煤电转型升级，助力构建新型电力系统，国家发展改革委、国家能源局制定《新一代煤电升级专项行动实施方案（2025—2027 年）》（发改能源〔2025〕363 号），指导今后一段时期内煤电产业的转型升级工作。未来三年煤电将重点围绕清洁降碳、安全可靠、高效调节、智能运行等方向实现转型升级。

1. 有序推进煤电清洁降碳转型

煤电作为我国能源行业碳排放的主要来源之一，在“双碳”目标下，低碳转型是煤电继续存续并发挥作用的必由之路。煤电机组需从提高发电效率、源头碳减排、末端碳减排等方面推动煤电低碳转型，即通过进一步节能提效，耦合掺烧绿氢、绿氨、生物质等零碳低碳燃料，末端实施碳捕集利用与封存，与新能源耦合等方式实现碳减排。总体来看，目前通过提升机组参数、宽负荷能效提升，具备一定的碳减排潜力，但碳减排空间有限，未来煤电降碳需主要依靠零碳低碳燃料掺烧、碳捕集利用与封存等措施降低煤电碳排放，《煤电低碳化改造建设行动方案（2024—2027 年）》（发改环资〔2024〕894 号）重点提及了生物质掺烧、绿氨掺烧和碳捕集利用与封存 3 种降碳措施。未来三年内，鼓励具备技术经济条件的新建及现役机组开展新一代煤电清洁降碳示范，度电碳排放水平较 2024 年同类煤电机组降低 10%~20%，通过工程示范进一步带动技术进步和成本下降。新建机组应根据具体条件预留低碳化改造条件，鼓励具备条件的实施低碳化建设。

2. 切实保障煤电安全可靠运行

煤电作为电力系统的保障性电源，在其他电源类型受到内外条件限制无法形成可靠替代的背景下，需确保运行安全可靠，在电力保供、热力保供中切实发挥兜底保障作用。煤电机组深调时长和电量日趋增加，机组安全运行面临新挑战，锅炉受热面拉裂、爆管等现象时有发生。煤电机组有必要开展安全可靠性提升工作，对于现役机组和新建机组，保供期申报出力达标率需不低于 98%，新一代煤电试点示范机组需达到 99%；各类煤电机组保供期非计划停运次数不高于 0.3 次 / 台年。

3. 全面增强煤电高效调节能力

随着我国可再生能源装机规模及发电量的快速增长，新能源发电渗透率不断提高，电力系统对灵活调节资源的需求持续增加，调节功能要求也逐步多元化。煤电机组的高效调节能力主要包括深度调峰、快速变负荷、启停调峰和宽负荷高效等方面。此前，煤电灵活性主要侧重深度调峰。通过现役机组灵活性改造和提升新建机组灵活性要求等工作，煤电机组最低发电出力普遍由 30%～50% 降至 20%～40%，作为主力调峰电源有力保障了新能源消纳；而随着新能源渗透率进一步提升，未来煤电机组将面临启停调峰形势，具备条件的机组应通过实施适应性改造或针对性设计，使机组具备安全可靠启停调峰能力。煤电机组提升快速变负荷能力是保证系统安全稳定运行、平抑新能源并网所带来的发电负荷随机波动的重要手段，同时煤电机组可通过提高变负荷能力在电力现货市场获取电价收益。宽负荷高效是煤电应对深度调峰运行工况增多造成能效下降的必然要求。未来三年，在调峰有缺额、有较大快速调节需求的地区开展新一代煤电高效调节示范，推动现役机组提升高效调节水平，有利于继续发挥煤电机组促进新能源消纳的关键作用。

4. 积极提升煤电智能运行水平

利用数字化智能化技术，构筑能源及发电行业数字生态，是推动煤电行业高质量发展的重要手段。更加丰富的辅助服务需求和调节指标要求的提高也在促使煤电机组提升智能运行水平。建设具备快速灵活、少人值守、无人巡检、按需检修、智能决策等特征的智能示范电厂，全面提升煤电行业规划设计、制造建造、运行管理、检修维护、经营决策等全产业链智能化水平，已成为煤电未来转型发展的重要方向。

4 电网发展

Power Grid Development

4.1 输电网

4.1.1 2024 年发展概况

1. 输电网规模

输电网规模增速保持平稳

220 千伏及以上输电线路长度 ↑3.5%

220 千伏及以上变电设备容量 ↑4.9%

截至 2024 年底，全国 220 千伏及以上输电线路长度约 96.1 万公里，同比增长约 3.5%。220 千伏及以上变电设备容量约 57.8 亿千伏安，同比增长 4.9%。

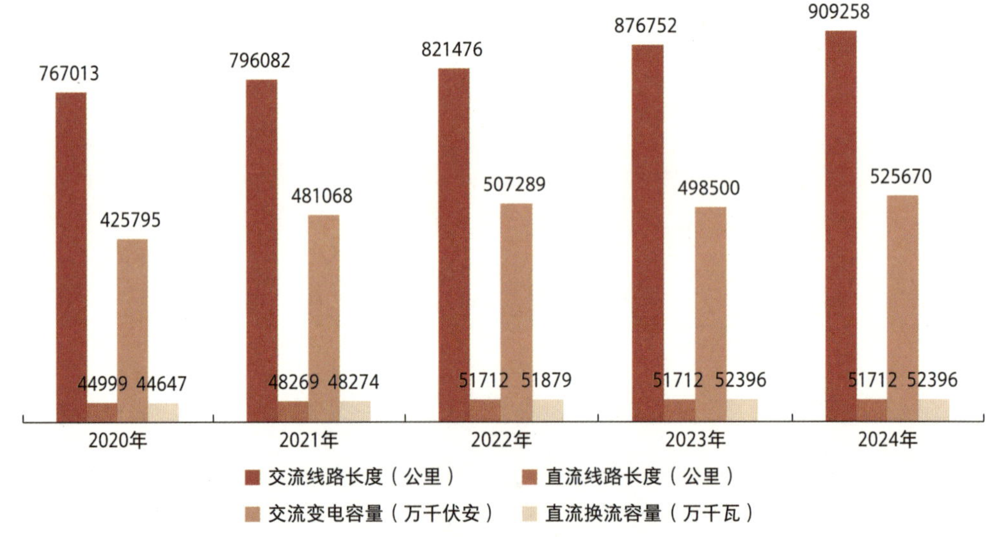

近五年我国输电网建设情况

数据来源：《电力工业统计资料汇编（2021—2023）》《2024 年全国电力工业统计快报》

截至 2024 年底，全国 220 千伏及以上交流输电线路长度约 90.9 万公里。其中，220 千伏交流线路约 582398 公里，占比约 64%；330 千伏交流线路约

41490 公里，占比约 5%；500 千伏交流线路约 233908 公里，占比约 26%；750 千伏交流线路约 31412 公里，占比约 3%；1000 千伏交流线路约 20049 公里，占比约 2%。全国 220 千伏及以上交流变电设备容量 52.6 亿千伏安。其中，220 千伏交流变电设备约 257179 万千伏安，占比约 49%；330 千伏交流变电设备约 17517 万千伏安，占比约 3%；500 千伏交流变电设备约 195737 万千伏安，占比约 37%；750 千伏交流变电设备约 29937 万千伏安，占比约 6%；1000 千伏交流变电设备约 25300 万千伏安，占比约 5%。

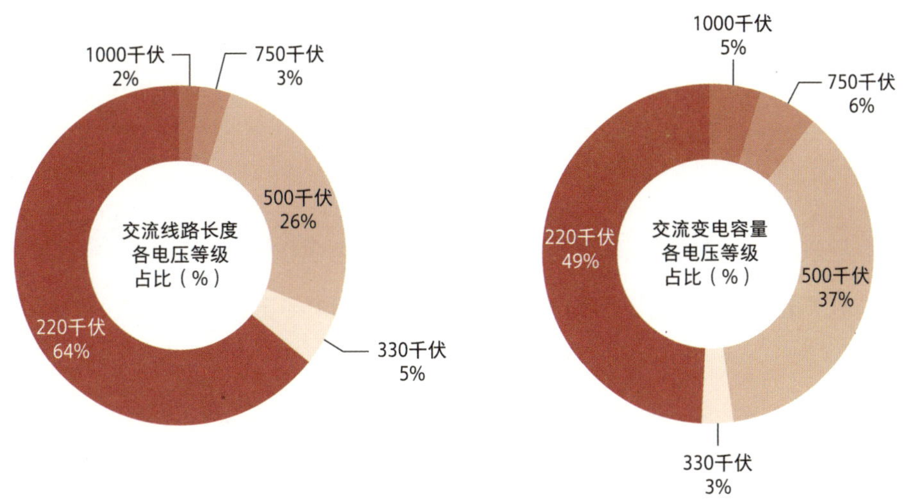

截至 2024 年我国交流输电网建设各电压等级分布

数据来源：《2024 年全国电力工业统计快报》

截至 2024 年底，全国 220 千伏及以上直流线路约 5.2 万公里。其中，±400 千伏直流线路约 1031 公里，占比约 2%；±500 千伏直流线路约 14225 公里，占比约 27%；±660 千伏直流线路约 1335 公里，占比约 3%；±800 千伏直流线路约 31825 公里，占比约 62%；±1100 千伏直流线路约 3295 公里，占比约 6%。全国 220 千伏及以上直流换流容量约 5.2 亿千瓦。其中，±400 千伏直流换流设备约 1247 万千瓦，占比约 2%；±500 千伏直流换流设备约 12078 万千瓦，占比约 23%；±660 千伏直流换流设备约 947 万千瓦，占比约 2%；±800 千伏直流换流设备约 35257 万千瓦，占比约 67%；±1100 千伏直流换流设备约 2867 万千瓦，占比约 6%。

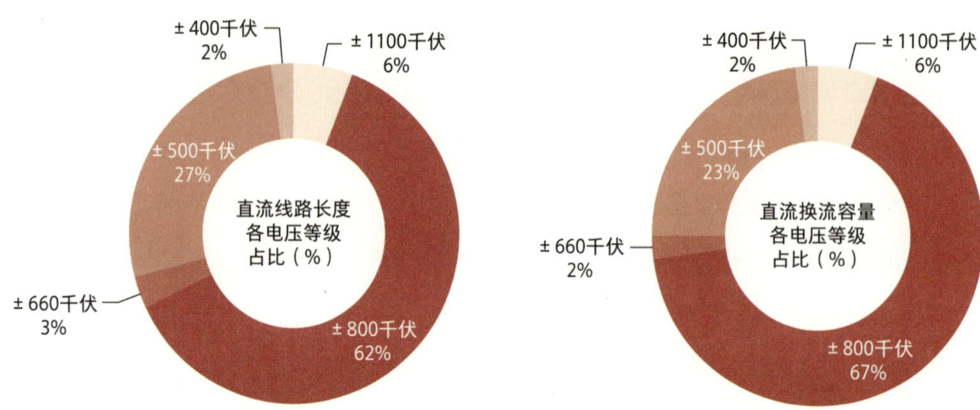

截至 2024 年我国直流输电网建设各电压等级分布

数据来源：《2024 年全国电力工业统计快报》

2. 西电东送

西电东送规模
约 3.0 亿千瓦

截至2024年底，我国“西电东送”规模约3.0亿千瓦，与去年基本持平。其中，北通道为7889万千瓦；中通道为16499万千瓦；南通道为6052万千瓦。

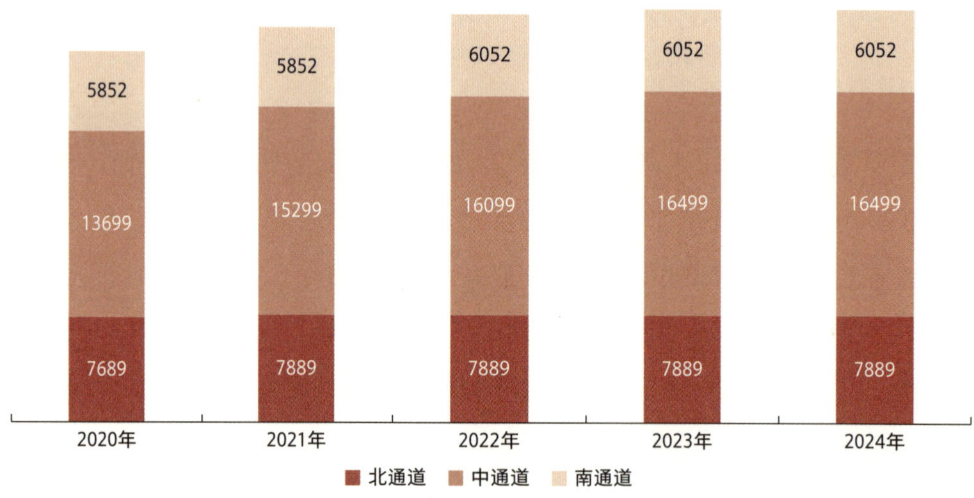

西电东送规模（万千瓦）

数据来源：相关工程可行性研究报告、电网公司

3. 电网结构与格局

目前，全国已形成以东北、华北、西北、华东、华中、南方六大区域电网格局。其中，东北形成了 500 千伏主网架结构，华北形成了“两横两纵品字形环网”交流特高压主网架，西北形成了长链式 750 千伏主网架，华东形成 1000 千伏特高压环网，华中东四省与川渝藏电网实现异步互联，川渝电网实现了与藏中的 500 千伏联网，南方电网形成了“八交十一直”的西电东送主网架。截至 2024 年底，全国 330 千伏及以上跨区、跨省交流输电线路约 198 条，线路长度约 36687 公里；直流输电线路（含背靠背）约 43 条，线路长度约 55900 公里，直流背靠背工程 3 项。

华北电网

华北地区已建成“两横两纵品字形环网”交流特高压主网架，区内以内蒙古西部电网、山西电网为送端，以京津冀鲁区域为受端负荷中心，形成西电东送、北电南送的送电格局。截至 2024 年底，华北区域（含内蒙古西部地区）内 500 千伏及以上变电容量 60841 万千伏安；500 千伏及以上交流线路长度约 68365 公里；直流输电线路（含背靠背）6 条，额定输电容量 4500 万千瓦。

东北电网

东北电网现已形成 500 千伏为骨干、覆盖绝大部分负荷中心和电源基地的电网。辽吉、吉黑省间 500 千伏联络线均达到 4 回；蒙东通过 1 回 ±500 千伏直流线路和 10 回 500 千伏交流线路向辽宁送电。目前，东北电网通过黑河直流背靠背工程与俄罗斯电网相连；通过鲁固特高压直流和高岭直流背靠背工程与华北电网相连。截至 2024 年底，东北区域（含内蒙古东部地区）内 500 千伏及以上变电容量约 17530 万千伏安，500 千伏及以上交流线路长度约 27968 公里；直流输电线路（含背靠背）4 条，额定输电容量 1675 万千瓦。

西北电网

西北电网形成了以甘肃电网为中心的坚强 750 千伏主网架，新疆、陕西、宁夏、青海电网分别通过 4 回、4 回、4 回、7 回 750 千伏线路与甘肃电网相连。截至 2024 年底，西北区域内 500 千伏及以上变电容量 32985 万千伏安，500 千伏及以上交流线路长度 33312 公里；330 千伏及以上变电容量 63857 万千伏安；330 千伏及以上交流线路长度约 76037 公里；直流输电线路（含背靠背）11 条，额定输电容量 7071 万千瓦。

华东电网

华东地区围绕长三角形成 1000 千伏网架，并向南延伸至福建，省间联络通道电压等级为 1000 千伏，上海、江苏、浙江、安徽、福建均已形成较强的 500 千伏主网架。截至 2024 年底，华东区域内 500 千伏及以上变电容量 57275 万千伏安；500 千伏及以上交流线路长度约 45741 公里；直流输电线路 14 条，额定输电容量 8776 万千瓦。

华中电网

华中东四省电网目前已建成以三峡外送通道为中心、覆盖豫鄂湘赣四省的 500 千伏骨干网架，河南通过 2 回 1000 千伏南荆线、2 回 1000 千伏驻武线和 4 回 500 千伏线路与湖北电网相连，湖南通过 2 回 1000 千伏荆长线和 3 回 500 千伏线路与湖北电网相连，江西通过 2 回 1000 千伏黄赣线和 3 回 500 千伏线路与湖北电网相连。此外，江西通过 2 回 1000 千伏长沙至南昌线路与湖南电网相连。截至 2024 年底，华中区域内 500 千伏及以上变电容量 30965 万千伏安；500 千伏及以上交流线路长度约 37255 公里；直流输电线路 13 条（含背靠背），额定输电容量 5927 万千瓦。

2024 年底，川渝特高压交流工程投运调试，西南电网交流主网架迈入 1000 千伏全新阶段，形成 Y 字型特高压交流骨干网架，500 千伏电网形成以川渝为核心的多级环网结构，西部形成阿坝、甘孜、攀西三大送端和 1 个长链式结构连接西藏电网。川渝断面由 2 回 1000 千伏 +6 回 500 千伏线路构成；川藏断面由 3 回 500 千伏线路构成。截至 2024 年底，川渝藏区域内 500 千伏及以上变电容量 19670 万千伏安；500 千伏及以上交流线路长度约 30500 公里；直流输电线路（含背靠背）10 条，额定输电容量 5420 万千瓦。

南方电网

南方电网以云南、贵州为主要送端，广东、广西为主要受端，形成了“八交十一直”注的西电东送主干网架，继续维持云南电网与南方电网主网异步运行。截至 2024 年底，南方电网区域内 500 千伏及以上交流变电容量 36001 万千伏安；500 千伏及以上交流线路长度约 51912 公里；直流输电线路（含背靠背）14 条，额定输电容量 5240 万千瓦。

4. 2024 年投产的重点输电通道

2024 年，投产 1000 千伏特高压交流输电通道 3 条。

2024 年投产重点输电通道情况

类型	通道名称	电压等级（千伏）	输电容量（万千瓦）	输电距离（公里）	投产时间
交流	张北—胜利特高压交流输变电工程	1000	—	366	2024 年 10 月
	武汉—黄石—南昌特高压交流输变电工程	1000	—	450	2024 年 11 月
	川渝特高压交流工程（甘孜—天府南—成都东、天府南—铜梁）	1000	—	654	2024 年 12 月

数据来源：相关工程可行性研究报告、电网公司

4.1.2 未来三年重点输电通道展望

截至 2024 年底，全国在建重点输电工程 18 项，其中 1000 千伏特高压交流输电工程 4 项，±800 千伏特高压直流输电工程 11 项。

在建重点输电工程

分类	输电通道	电压等级（千伏）	输电容量（万千瓦）	输电距离（公里）	拟投产时间
交流	大同—怀来—天津北—天津南 1000 千伏特高压交流输变电工程	1000	—	770	2026 年
	川渝特高压交流工程（阿坝—成都东）	1000	—	378	2027 年
	川渝特高压加强工程（川北—渝东—铜梁）	1000	—	478	2027 年
	攀西—川南—天府南特高压交流工程	1000	—	500	2027 年
直流	金上—湖北特高压直流输电工程	±800	800	1748[注1]	2025 年
	陇东—山东特高压直流输电工程	±800	800	926	2025 年
	宁夏—湖南特高压直流工程	±800	800	1634	2025 年
	哈密—重庆特高压直流输电工程	±800	800	2285	2025 年
	陕北—安徽特高压直流输电工程	±800	800	1070	2026 年
	甘肃—浙江特高压直流输电工程	±800	800	2357	2026 年
	腾格里—江西特高压直流工程	±800	800	2250	2027 年
	湘粤背靠背联网工程	±260	300	—	2027 年
	湘黔背靠背联网工程	±260	300	—	2027 年
	闽赣背靠背联网工程	±260	300	—	2027 年

续表

分类	输电通道	电压等级（千伏）	输电容量（万千瓦）	输电距离（公里）	拟投产时间
直流	陇电入川特高压直流输电工程	±800	800	1436	2027 年
	疆电（南疆）送电川渝特高压直流输电工程	±800	800	2000	2027 年
	藏东南—粤港澳特高压直流输电工程	±800	1000	2681	2027 年
	蒙西—京津冀特高压直流输电工程	±800	800	699	2027 年

数据来源：相关工程可行性研究报告、电网公司

注：1. 金上至湖北特高压直流输电工程包含 ±400 千伏直流线路及 ±800 千伏直流线路，线路长度分别为 117 公里、1748 公里。

4.2 配用电网

4.2.1 2024 年发展概况

◎ 机器人流程自动化

在配电网领域，机器人流程自动化（RPA）结合人工智能（AI）和物联网（IoT）技术，已实现数据采集、设备监控、故障诊断、运维管理等流程的自动化，从而提高电网运营效率，降低人工干预成本。RPA 机器人可 7×24 小时不间断工作，处理速度远超人工，尤其适用于高频、重复性任务，如数据录入、设备状态监测等。减少人工干预，降低人力成本，同时减少因人为错误导致的设备损坏或运营损失。自动化流程可避免人工操作中的疏漏，确保数据采集、分析和报告生成的准确性。RPA 还可应用于网络安全监测，自动识别异常访问或潜在攻击，提升配电网信息系统的防护能力。通过大数据分析和机器学习，RPA 可提供更精准的运行预测和优化建议，助力配电网向智能化、数字化转型。

随着 AI、5G 和边缘计算技术的发展，配电网 RPA 将更加智能化，例如：结合 AI，RPA 不仅能执行任务，还能自主优化流程。与能源管理系统（EMS）、配电管理系统（DMS）深度集成，实现更高效的电网调控。利用区块链技术确保自动化交易（如分布式能源结算）的安全性和透明度等。

◎ 架空线路完全配电自动化

过去，配电网线路发生故障时，为最大限度缩小影响范围，操作人员需要前往现场，对故障点前的断路器进行手动分合闸。如今，国网上海市电力公司已首次在架空线路投用完全配电自动化功能，实现分合闸无人操作。

完全配电自动化功能综合应用馈线终端设备和新一代一体化柱上断路器，依托 5G 通信技术，实现数据最快化传输。馈线终端设备与主站配电自动化系统通信，系统可以向一体化柱上断路器发送命令，控制一体化柱上断路器分合闸。借助安装在线路上的自动化装置，无须操作人员到场，调度员通过配电自动化系统的电流数据可即时研判故障情况，遥控故障区域内的一体化柱上断路器进行分合闸隔离故障区段，快速恢复非故障区域客户供电。

◎ 虚拟电厂快速发展

在我国，虚拟电厂（VPP）在政策推动下进入快速发展阶段。2024 年国家发展改革委、能源局发布《虚拟电厂建设与运营管理规范》，明确 VPP 参与电力市场的身份和收益机制；多地（如广东、江苏、浙江）推出需求响应补贴，最高达 12 元 /kWh。多地项目投运，如国网冀北虚拟电厂（2023 年投运）聚合 11.6 万可调资源，最大调节能力达 551MW，参与华北调峰市场；深圳“5G+ 虚拟电厂”项目接入 5G 基站储能、充电桩等负荷，2024 年响应能力超 200MW。虚拟电厂快速发展离不开关键技术的支持，其中 AI 驱动的资源预测（如 LSTM 神经网络）和动态调度算法成为主流，区块链应用、边缘计算、跨平台互联等技术也发挥重大作用。

虚拟电厂发展虽仍有一些瓶颈，如部分区域市场机制滞后（如中国现货市场覆盖率不足）、用户侧数据隐私争议等，但前途一片光明。未来光储充一体化 VPP 将成为投资热点，数字孪生技术可用于虚拟电厂仿真训练，车网互动（V2G）资源将加速接入 VPP 平台。

◎ 电力无线局域网

近几年，智能电网对智能安全、智能巡检、智能操作的应用环境提出了新的需求，无线局域网可以承载机器人巡检、无人机巡检、视频监控、移动作业、移动办公、新型物联网等业务，满足电力系统相关应用场景。应用在电力系统的无线局域网主要采用 WAPI（WLAN Authentication and Privacy Infrastructure）安全协议，WAPI 通过国密算法、双向证书认证、动态密钥协商和分层协议设计，构建了比传统 Wi-Fi 更严密的防护体系，尤其适用于高安全需求的政企场景。经分析，WAPI 安全认证满足电力监控系统网络安全防护架构的相关要求。

目前，国内三大电网公司、大型发电集团及电力建设集团等均已开展了电力无线局域网的相关建设工作，华为、新华三、智开、锐捷、中兴等设备主流厂家也已经形成完整产品线和解决方案，支撑电力无线局域网建设。

输电方面，电力无线局域网主要适用于输电线路状态在线监测及视频监控、隧道状态在线监测、隧道机器人巡检等场景；变电方面，电力无线局域网主要适用于变电设备在线监测、变电站动环及视频监控、机器人巡检、无人机巡检、安全工器具管理及可穿戴智能运维、变电站消防及防卫等场景；配用电方面，电力无线局域网主要适用于配电所综合监测、开闭所环境监测、高级计量系统、用电信息采集、电动汽车充电站、分布式储能等场景；综合应用方面，电力无线局域网主要适用于电力应急通信、智能办公、移动作业、智慧工地、智能仓储管理、智慧能源园区等场景。

电力业务由传统有线承载调整为无线局域网承载，区别主要集中在空口环境，针对数据传输风险、设备设施风险、管理安全风险等次要风险可通过提高设备准入条件、加强系统管理、定期系统加固等措施进行防范，针对网络安全风险、物理环境风险，技术方面采用研发更强加密协议、加强分段、监控与 AI 防御，物理方面采用硬件加固、信号控制、环境监测阻断物理入侵与信号泄露。

电力无线局域网承载管理信息大区业务已经得到推广应用，安全可靠性满足业务传输要求，下一阶段可以推广至生产控制大区中测量类业务，控制类业务还有待进一步研究和验证承载的安全可靠性。

◎ 电力北斗系统

随着能源革命与数字技术深度融合，电力系统正加速向智能化、数字化、网络化转型。在这一进程中，卫星导航系统作为关键基础设施的作用日益凸显。北斗卫星导航系统（BeiDou Navigation Satellite System，简称 BDS）作为中国自主可控的全球卫星导航系统，其高精度定位、授时和短报文通信能力为电力行业提供了全新的技术支撑。电力北斗系统旨在解决电力行业对时空信息服务的迫切需求，保障电网安全稳定运行。国家能源局印发的《“十四五”现代能源体系规划》中明确提出加快推进北斗时空基础设施应用及智能化运营体系工程建设、开展北斗时频网建设、推进重点企业电力北斗综合服务平台建设和终端应用试点。

国家电网公司自 2017 年起将北斗技术纳入“数字新基建”核心任务，建成覆盖全国的“电力北斗精准服务网”，形成“天地协同、多源融合”的电力时空服务体系。无人机巡线方面，搭载北斗终端的无人机实现 ±5cm 定位精度，自动识别杆塔倾斜、绝缘子破损等隐患，截至 2023 年，已累计完成超 100 万公里输电线路的北斗辅助巡检；输电线路激光雷达建模方面，结合北斗坐标与三维点云数据，构建高精度输电走廊数字孪生模型；电力调度自动化方面，基于北斗授时的同步时钟装置（PTP 协议）应用于变电站自动化系统，时间误差小于 100ns；应急通信方面，在西藏、新疆等无人区部署北斗基站，保障偏远变电站的运行数据回传，2022 年四川泸定地震期间，北斗短报文成功传递 78% 的灾损信息。

南方电网公司重点解决高湿度、强雷暴等复杂环境下的电力运维难题，其北斗电力应用呈现“区域化 + 场景化”特征。沿海台风灾害防御方面，在广东、海南等台风频发地区，部署北斗形变监测终端，实时监测杆塔倾斜度（精度 ±2mm），提前预警台风导致的倒塔风险；智能电表与用户服务方面，北斗授时支持毫秒级电能质量数据采集，助力用户侧需求响应；跨境电力互联方面，中老联网工程采用北斗授时同步技术，实现中老两国变电站时钟统一，保障跨境电力交易稳定性；电力北斗 +AI 巡检方面，开发基于北斗定位的智能巡检机器人，结合深度学习算法自动识别设备缺陷，效率提升 70%。

电力北斗系统是中国能源数字化转型的关键基础设施，其发展已从技术验证阶段迈向规模化应用，在输配电、新能源、应急管理等领域取得显著成效。未来，随着“北斗 +”生态的扩展、国产化替代的深化以及全球化布局的推进，电力北斗将在新型电力系统构建、能源安全保障和国际能源合作中发挥更核心的作用。

◎ 电动汽车 V2G 车网互动

根据中国充电联盟最新统计（截至 2024 年 6 月），我国电动汽车保有量突破 2,000 万辆，同比增长 42%，渗透率接近 35%。充电基础设施累计建成 1,120 万台，其中公共充电桩占比 38%（约 425 万台），私人充电桩占比 62%（约 695 万台）。车桩比进一步优化至 1.8：1，较 2023 年下降 0.3，但仍存在区域分布不均问题，如广东、上海车桩比 1.2：1，而西藏、青海则超过 3：1。

2024 年，车网互动（Vehicle to Grid，简称 V2G）技术进入规模化试点阶段，全国已建成 56 个 V2G 示范项目，覆盖北京、上海、深圳、成都等城市，累计接入车辆超 2.8 万辆。北京、河北等地试点 V2G 充电桩在用电高峰时段向电网反向送电，单桩日均响应电量达 50-100kWh；深圳试点 V2G 用户参与电力现货市场，用户通过峰谷价差套利，年均收益可达 2000~5000 元。近期，国家发展改革委等四部门联合发布《关于公布首批车网互动规模化应用试点的通知》，将上海市等 9 个城市以及“北京市基于新型储能的 V2G 车网互动协同调控试点项目”等 30 个项目列入首批车网互动规模化应用试点范围。

目前，技术层面主要存在电池寿命与安全风险、跨平台通信与协议不统一、电网承载能力限制等问题，市场机制方面主要存在地区用户参与动力不足、V2G 充电桩运营商盈利困难等问题，政策与标准方面主要有 V2G 参与电力辅助服务市场仍需突破“身份认证”障碍，V2G 通信协议、安全防护标准尚未全国统一、跨区域调度存在技术壁垒。虽面临挑战，随着电池技术迭代、电力市场改革深化及政策支持加码，V2G 有望在 2030 年前成为新型电力系统的重要组成部分。未来需重点突破跨行业协同壁垒，构建“车 – 桩 – 网 – 碳”一体化生态，推动新能源汽车与能源革命深度融合。

4.2.2 相关项目进展

◎ 苏州首个大规模自平衡微电网建成

随着信义光伏（苏州）有限公司智能微电网项目投运，江苏苏州地区首个大规模自平衡微电网在张家港建成。这座集余热发电、光伏发电、储能、智慧调控于一体的能源“智慧岛”可自主维持区域内发电量与用电量的动态平衡，服务高耗能企业绿色转型。

为了确保微电网高效运行，信义光伏公司建成了能量管理系统。该系统采用三维数字孪生技术开展能源调度，通过可视化平台实时监测光伏发电项目出力、余热产能与用电负荷曲线，还能动态调整储能系统充放电策略。

据测算，信义光伏公司微电网具备 3.5 万千瓦的电网互动调节能力，日常可开展 7500 千瓦填谷和 2500 千瓦削峰调节；清洁能源年发电量预计超 1.8 亿千瓦时，占总用电量的 25%。微电网投运后，通过能量管理系统灵活调度发电站、储能电站出力，每年可为企业节省用电成本 9000 万元，减少二氧化碳排放约 17.9 万吨。

◎ 福建平潭综合实验区“海岛零碳智能电网”示范工程

福建平潭综合实验区“海岛零碳智能电网”示范工程是中国首个面向海岛场景的零碳能源系统实践，于 2024 年 5 月全面建成。该项目覆盖平潭全域 372 平方公里，通过整合“风光储氢 + 海洋能”多能互补技术，构建了高可靠、高弹性的智能电网架构，旨在实现海岛能源自给自足、100% 可再生能源消纳与全域零碳排放，为海岛型城市能源转型提供全球标杆。

项目以“能源自主、零碳韧性”为核心，针对海岛电网孤岛运行、生态敏感等挑战，提出三大设计方向：一是通过海上风电、光伏与氢储能形成多能互补系统，减少对大陆输电依赖；二是采用抗台风型电网架构（可抵御 17 级台风），结合地下电缆双层防护技术，保障极端气候下的供电安全；三是建立全域碳计量体系，通过区块链技术追踪绿电来源，助力平潭打造“零碳岛屿”国际认证。

项目使用了诸多国际领先技术，如：固态断路器（SSCB）与分布式能源协同控制，实现毫秒级故障自愈（停电时间≤ 0.1 秒）；数字孪生平台，集成气象、海浪与负荷数据，动态优化能源调度策略，提升风光利用率至 97%；氢能综合利用，利用低谷风电电解制氢，供氢燃料电池公交与船舶使用，形成“风光制氢 - 氢能应用”闭环；部署 AI 无人机巡检与区块链碳追踪系统，提升运维效率并确保绿电溯源可信。项目可再生能源渗透率达 100%，供电可靠性 99.9995%，碳排放强度处于国际领先地位，为全球海岛能源转型贡献了中国方案。

5　新型储能发展

New Energy Storage Development

5.1 2024 年发展概况

全国新型储能建设进一步提速

新增装机同比增长超过
130%

总装机
7376 万千瓦

截至 2024 年底，全国已建成投运新型储能项目累计装机规模达 7376 万千瓦 /1.68 亿千瓦时，约为“十三五”末的 20 倍，较 2023 年底增长超过 130%，全年新增新型储能装机 4237 万千瓦 /1.01 亿千瓦时。全国新型储能平均储能时长 2.3 小时，较 2023 年底增加约 0.2 小时。

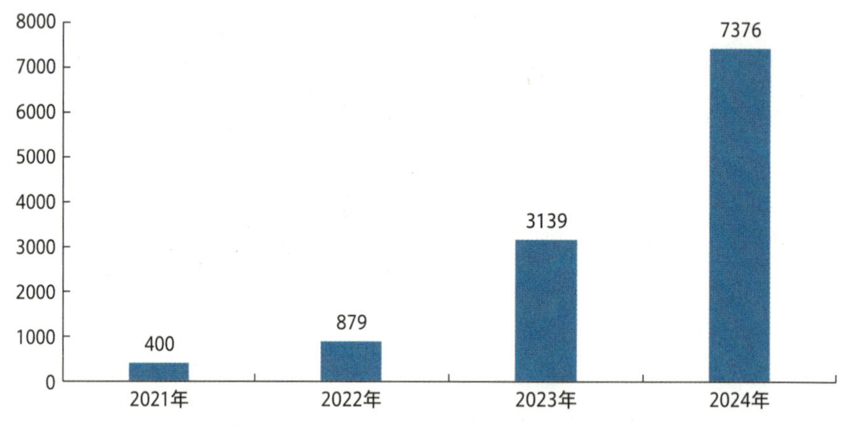

“十四五”以来我国新型储能装机规模（万千瓦）

数据来源：国家能源局

全国共有 18 省（区）装机超过百万千瓦

内蒙古、新疆、山东、江苏、宁夏等地装机合计占比近
50%

截至 2024 年底，全国共有 18 个省（区、市）新型储能装机超百万千瓦。新型储能累计装机排名前五的省区分别为：内蒙古 1023 万千瓦、新疆 857 万千瓦、山东 717 万千瓦、江苏 562 万千瓦、宁夏 443 万千瓦，装机均超过 400 万千瓦。河北、浙江、甘肃、广东 4 省装机超过 300 万千瓦。分区域来看，华北、西北地区新型储能装机规模发展迅速，合计装机占全国约 56%，华东地区、华中地区和南方地区占比分别为 16.9%、14.7%、12.4%。

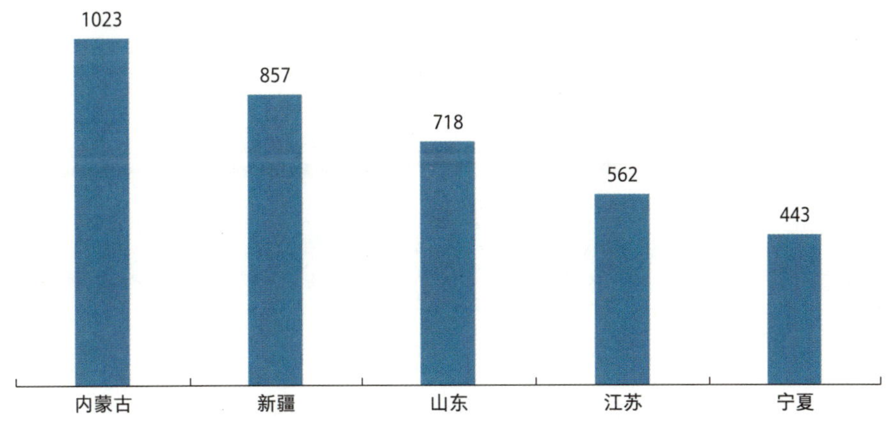

2024 年底新型储能累计装机规模排名前五省区分布（万千瓦）

数据来源：全国新型储能大数据平台

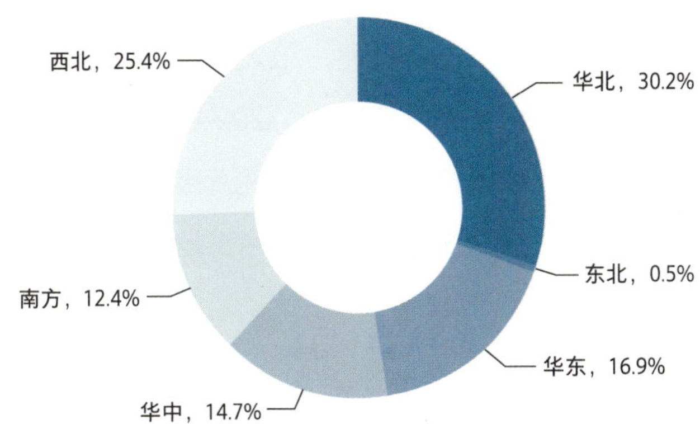

截至 2024 年底各地区新型储能装机规模占比

数据来源：国家能源局

新型储能应用场景丰富多样

用户侧储能与电源侧储能发展较快

电网侧储能以独立储能和共享储能为主，装机规模约 3490 万千瓦，平均时长约 2.17 小时，主要分布在系统调节需求较大的地区，发挥支撑电力保供及提升系统调节能力功能，提高系统安全稳定运行水平。电源侧储能以新能源配建储能为主，装机规模约 3353 万千瓦，平均时长约 2.32 小时，主要分布在西北、华北等风能、太阳能资源丰富地区，发挥促进新能源消纳功能。用户侧储能以工商业储能为主，装机规模约 532 万千瓦，平均时长约 2.71 小时，主要分布在华东、南方等地区，发挥服务用户灵活高效用能功能。

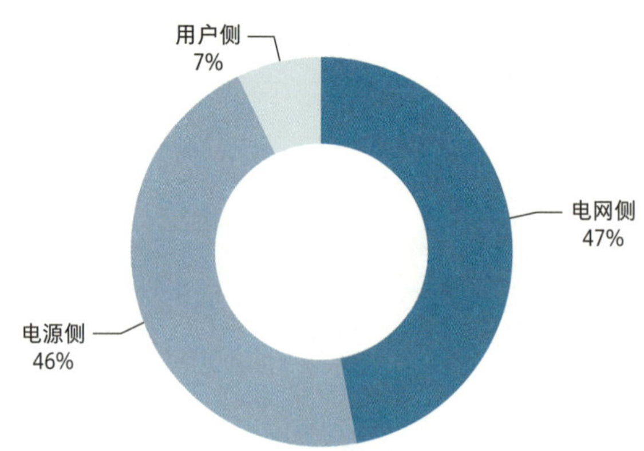

2024 年全国新型储能应用场景分布情况

数据来源：全国新型储能大数据平台

锂离子电池技术路线仍为主流方案

液流电池等非锂电技术呈现多元发展趋势

截至2024 年底，锂离子电池储能仍占据主导地位，占已投产装机约96.4%。压缩空气储能、铅酸（炭）电池、液流电池为除锂离子电池外的主要技术路线，占比分别为 0.6%、0.6%、1.0%。2024 年以来，300 兆瓦等级压缩空气储能项目、吉瓦时级液流电池储能项目、兆瓦级飞轮储能项目建成投运，重力储能、液态空气储能、二氧化碳储能等新技术落地实施，总体呈现多元化发展趋势。

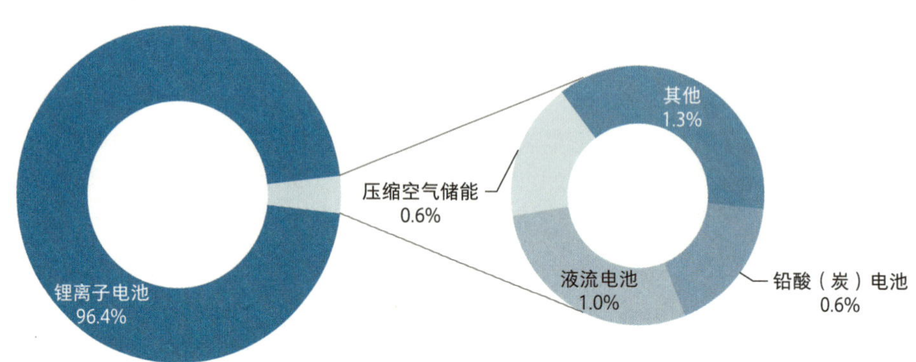

截至 2024 年底全国新型储能技术路线情况

数据来源：全国新型储能大数据平台

多技术路线新型储能项目纳入全国试点示范和能源领域首台（套）名单

2024 年 1 月，国家能源局将 56 个新型储能项目纳入全国新型储能试点示范项目。试点示范项目涵盖多类技术路线，其中锂离子电池储能项目 17 个，压缩空气储能项目 11 个，液流电池项目 8 个，混合储能项目 7 个。此外，飞轮储能、二氧化碳储能、重力储能、钠离子电池储能、铅炭电池储能等路线均有项目入选。

全国新型储能试点示范项目名单

锂离子电池储能，装机规模 2155.4 兆瓦 /4280.9 兆瓦时	
1	广西壮族自治区南宁市西乡塘区 100 兆瓦 /200 兆瓦时锂离子电池储能示范项目
2	江苏省连云港市连云区 200 兆瓦 /400 兆瓦时锂离子电池储能示范项目
3	广东省五华县 70 兆瓦 /140 兆瓦时锂离子电池储能示范项目
4	福建省平潭综合实验区 120 兆瓦 /240 兆瓦时锂离子电池储能示范项目
5	云南省丘北县 200 兆瓦 /400 兆瓦时锂离子电池储能示范项目
6	河南省滑县 100 兆瓦 /200 兆瓦时锂离子电池储能示范项目
7	浙江省杭州市萧山区 50 兆瓦 /100 兆瓦时锂离子电池储能示范项目
8	海南省文昌市 100 兆瓦 /200 兆瓦时锂离子电池储能示范项目
9	河北省平山县 100 兆瓦 /320 兆瓦时锂离子电池储能示范项目
10	湖北省沙洋县 50 兆瓦 /100 兆瓦时锂离子电池储能示范项目
11	湖南省桂阳县 250 兆瓦 /500 兆瓦时锂离子电池储能示范项目
12	黑龙江省肇东市 100 兆瓦 /200 兆瓦时锂离子电池储能示范项目
13	内蒙古自治区四子王旗 550 兆瓦 /1100 兆瓦时锂离子电池储能示范项目
14	新疆生产建设兵团三师图木舒克市 80 兆瓦 /160 兆瓦时锂离子电池储能示范项目
15	江苏省分散式 27.4 兆瓦 /32.9 兆瓦时锂离子电池储能示范项目
16	湖北省荆门市掇刀区 50 兆瓦 /100 兆瓦时锂离子电池储能示范项目
17	河北省雄安新区白洋淀 8 兆瓦 /8 兆瓦时锂离子电池储能示范项目
液流电池储能，装机规模 900 兆瓦 /4300 兆瓦时	
1	四川省眉山市甘眉工业园 100 兆瓦 /400 兆瓦时全钒液流电池储能示范项目
2	山东省潍坊市高新区 100 兆瓦 /400 兆瓦时全钒液流电池储能示范项目
3	陕西省陇县 300 兆瓦 /1800 兆瓦时全钒液流电池储能示范项目
4	江苏省滨海县 100 兆瓦 /400 兆瓦时全钒液流电池储能示范项目
5	湖北省襄阳市高新区 100 兆瓦 /500 兆瓦时全钒液流电池储能示范项目
6	吉林省乾安县 100 兆瓦 /400 兆瓦时全钒液流电池储能示范项目
7	湖北省英山县 100 兆瓦 /400 兆瓦时铁基液流电池储能示范项目
8	上海市杨浦区锌铁液流电池储能示范项目

续表

其他电化学储能，装机规模 300 兆瓦 /1400 兆瓦时	
1	辽宁省昌图县 200 兆瓦 /400 兆瓦时钠离子电池储能示范项目
2	浙江省长兴县 100 兆瓦 /1000 兆瓦时铅炭电池储能示范项目
3	安徽省淮南市山南高新区水系钠离子电池储能示范项目
实证基地及混合储能，装机规模 2610.74 兆瓦 /5852.27 兆瓦时	
1	广东省新型储能创新中心创新实证示范项目
2	河北省承德市双滦区 100 兆瓦 /300 兆瓦时混合储能示范项目
3	辽宁省沈阳市于洪区 200 兆瓦 /800 兆瓦时混合储能示范项目
4	山东省利津县 795 兆瓦 /1600 兆瓦时混合储能示范项目
5	广西壮族自治区灵山县 204.24 兆瓦 /423.26 兆瓦时混合储能示范项目
6	新疆维吾尔自治区哈密市伊州区 256.5 兆瓦 /1000 兆瓦时混合储能示范项目
7	江西省分宜县 55 兆瓦 /109.01 兆瓦时混合储能示范项目
8	山西省朔州市平鲁区 100 兆瓦 /200 兆瓦时混合储能示范项目
压缩空气类储能，装机规模 2860 兆瓦 /14790 兆瓦时	
1	江西省铅山县 300 兆瓦 /1200 兆瓦时压缩空气储能示范项目
2	甘肃省玉门市 300 兆瓦 /1800 兆瓦时压缩空气储能示范项目
3	河南省新县 300 兆瓦 /1200 兆瓦时压缩空气储能示范项目
4	湖南省岳阳县 300 兆瓦 /1500 兆瓦时压缩空气储能示范项目
5	青海省乌兰县 200 兆瓦 /800 兆瓦时压缩空气储能示范项目
6	四川省遂宁市船山区 200 兆瓦 /1600 兆瓦时压缩空气储能示范项目
7	黑龙江省宝清县 350 兆瓦 /1750 兆瓦时压缩空气储能示范项目
8	新疆维吾尔自治区巴里坤哈萨克自治县 100 兆瓦 /400 兆瓦时压缩空气储能示范项目
9	山东省肥城市 300 兆瓦 /1800 兆瓦时压缩空气储能示范项目
10	湖北省应城市 300 兆瓦 /1500 兆瓦时压缩空气储能示范项目
11	湖南省衡阳市珠晖区 100 兆瓦 /400 兆瓦时压缩空气储能示范项目
12	安徽省芜湖市繁昌区 10 兆瓦 /80 兆瓦时二氧化碳储能示范项目
13	青海省格尔木市 40 兆瓦 /160 兆瓦时二氧化碳储能示范项目
14	青海省格尔木市 60 兆瓦 /600 兆瓦时液态空气储能示范项目

续表

重力储能，装机规模 103 兆瓦 /528 兆瓦时	
1	江苏省如东县 26 兆瓦 /100 兆瓦时重力储能示范项目
2	甘肃省张掖市经济开发区 17 兆瓦 /68 兆瓦时重力储能示范项目
3	河北省赤城县 60 兆瓦 /360 兆瓦时重力储能示范项目
飞轮储能，装机规模 126 兆瓦 /6.333 兆瓦时	
1	宁夏回族自治区灵武市 22 兆瓦 /4.5 兆瓦时飞轮储能示范项目
2	山东省蓬莱 4 兆瓦 /1 兆瓦时飞轮储能示范项目
3	湖北省荆州市荆州区 100 兆瓦 /0.833 兆瓦时飞轮储能示范项目

2024 年 11 月，国家能源局公示了第四批能源领域首台（套）重大技术装备，其中新型储能领域技术装备 12 项，涵盖了压缩空气储能、钠离子电池储能、压缩二氧化碳储能等 9 种不同技术路线，代表了新型储能领域技术装备的先进水平。其中，7 个全国新型储能试点示范项目入选为第四批能源领域首台（套）重大技术装备的依托工程，为首台（套）重大技术装备落地转化提供了应用场景。

序号	装备名称	依托工程
1	100 兆瓦时级智能组串式构网型储能系统	华润三塘湖新能源电站配套储能项目、雅砻江柯拉构网型储能系统示范项目、广东能源莎车县光储一体化项目
2	基于区块链技术的新型储能智慧集控平台	湖南一、二、三期电化学储能示范工程
3	支撑广域纯新能源电力系统并 / 离网稳定运行的构网型储能一体化装备	内蒙古额济纳“源网荷储”一体化示范工程
4	基于硬岩人工硐室的 300 兆瓦级压缩空气储能系统	甘肃酒泉玉门 300 兆瓦压缩空气储能电站示范工程、江西铅山 300 兆瓦先进压缩空气储能示范电站项目、河南信阳 300 兆瓦先进压缩空气储能项目
5	基于大功率压缩机的 300 兆瓦级盐穴压缩空气储能系统	山东肥城 300 兆瓦先进压缩空气储能示范电站
6	100 兆瓦级超高温二氧化碳热泵储能系统	山东肥城 100 兆瓦新型二氧化碳储能项目

续表

序号	装备名称	依托工程
7	基于 200Ah 级电芯的 100 兆瓦时级钠离子电池储能系统	广西南宁伏林 50 兆瓦时钠离子电池储能电站示范工程、大唐潜江 50 兆瓦 /100 兆瓦时钠离子电池新型储能项目
8	基于气液两态互转技术的大容量压缩二氧化碳储能系统	华电新疆木垒 100 兆瓦 /1000 兆瓦时二氧化碳储能项目、芜湖海螺 10 兆瓦 /80 兆瓦时新型二氧化碳储能示范项目
9	基于深低温梯级蓄冷技术的 60 兆瓦液态空气储能系统及关键装备	青海格尔木 60 兆瓦 /600 兆瓦时液态空气储能示范项目
10	基于碳布电极的 500kW 铁铬液流电池储能模块及装备	广东惠阳 2 兆瓦 /10 兆瓦时铁铬液流电池储能项目
11	基于盐酸基电解液的 500kWh 全钒液流电池储能系统	中核山东 1 兆瓦 /4 兆瓦时全钒液流储能系统项目
12	单体 4–5 兆瓦级磁悬浮储能飞轮系统	国能宁夏鸳鸯湖第一发电有限公司 25 兆瓦 /5 兆瓦时飞轮储能电站项目、国能贵州扁担山二期光伏电站配套 5 兆瓦飞轮储能项目、国家能源蓬莱发电有限公司单体 4 兆瓦级磁悬浮大功率飞轮储能系统研发与示范项目

吉林省乾安县 100 兆瓦 /400 兆瓦时全钒液流电池储能示范项目

来源：乾安发布

吉林省乾安县 100 兆瓦 /400 兆瓦时全钒液流电池储能示范项目是国家能源局全国新型储能试点示范项目。该项目采用全钒液流电池技术，具备能量转换效率高、循环寿命长、调峰时间长、安全性好等优点，尤其适用于大规模储能场景。项目规模为 100 兆瓦 /400 兆瓦时，于 2024 年 12 月 24 日正式并网发电，是严寒地区全国首套大型全钒液流电池共享储能电站、东北首座集中共享式储能电站，对促进区域能源产业转型和结构调整，推动区域新能源高质量发展具有重要意义。

甘肃酒泉玉门 300MW 压缩空气储能电站示范工程

甘肃酒泉玉门 300MW 压缩空气储能电站示范工程是全球首台（套）300 兆瓦级人工硐室压缩空气储能项目，项目利用甘肃省酒泉玉门市良好的地质条件与优越的新能源资源，规划建设一台以人工硐室为储气库的 300MW/1800MWh 压缩空气储能示范工程，地下总容积约 21 万立方米，设计储能 / 压缩时长 8 小时，释能 / 发电时长 6 小时，已列入国家新型储能试点示范项目、甘肃省重大建设项目，依托该项目研制的“基于硬岩人工硐室的 300MW 级压缩空气储能系统”入选国家能源局第四批能源领域首台（套）重大技术装备名单。项目建成投产后，年均上网发电量约为 5.9 亿度，对于打造酒泉西北绿色能源产业基地，加强甘肃河西电网电源支撑，增强酒泉地区电网结构具有重要意义。

来源：央视新闻，中国能建

新型储能产业发展势头良好

锂离子电池储能产业方面，2024 年我国锂离子电池储能造价相比于 2023 年下降趋势明显。其中，锂离子电池储能 EPC 中标价相比于 2023 年下降约 25%，锂离子电池储能系统中标价相比于 2023 年下降约 44%。电池级碳酸锂价格在上半年有一定波动，三季度逐渐回落并趋于稳定，电芯价格整体稳步下降。电池级碳酸锂产量 67 万吨，同比增长 45%，电池级氢氧化锂产量 36 万吨，同比增长 26%，电池级碳酸锂均价为 9.0 万元 / 吨。

全钒液流电池储能产业方面，2024 年多个全钒液流电池储能项目启动招投标，涵盖 EPC、储能系统、电解液租赁等。受益于全钒液流电池产业规模化发展带来的成本降低，全钒液流电池储能系统中标价格、EPC 中标价格均有所下降，

200 兆瓦时储能系统中标价格相比于 2023 年降低约 20%，EPC 中标价格已降低至 2 元 / 瓦时左右。

压缩空气储能产业方面，2024 年以湖北省应城市 300 兆瓦 /1500 兆瓦时压缩空气储能示范项目为代表的 300 兆瓦级压缩空气储能项目顺利并网，有效带动了行业投资积极性，国内多地布局建设压缩空气储能项目，2024 年已开工建设压缩空气储能电站合计装机超过 150 万千瓦，总投资超 100 亿元。同时，多个试点示范项目布局有效推动了装备参数和系统性能提升，已经形成大容量空气压缩机、膨胀透平、储热系统、储换热设备等上下游协同发展的产业链。

5.2

未来三年发展展望

政策背景

2024 年 11 月，十四届全国人大常委会第十二次会议表决通过《中华人民共和国能源法》，自 2025 年 1 月 1 日起施行。《能源法》提出推进新型储能高质量发展，发挥各类储能在电力系统中的调节作用，鼓励和支持储能等领域技术研究、开发、示范、推广应用和产业化发展，为新型储能发展提供法治保障。

2024 年 5 月，国家能源局印发《关于做好新能源消纳工作 保障新能源高质量发展的通知》(国能发电力〔2024〕44 号)，要求提升电力系统对新能源的消纳能力，确保新能源大规模发展的同时保持合理利用水平，推动新能源高质量发展，积极推进包括新型储能的各类系统调节能力提升和网源协调发展。

2024 年 11 月，国家能源局印发《关于支持电力领域新型经营主体创新发展的指导意见》(国能发法改〔2024〕93 号)，提出充分发挥新型经营主体在提高电力系统调节能力、促进可再生能源消纳、保障电力安全供应等方面的作用，鼓励新模式、新业态创新发展，培育能源领域新质生产力，加快构建新型电力系统。新型经营主体涵盖储能等分布式电源以及虚拟电厂等。

2024 年 12 月，国家发展改革委、国家能源局联合印发《电力系统调节能力优化专项行动实施方案（2025—2027 年）》的通知（发改能源〔2024〕1803 号），着力提升电力系统调节能力和调用水平，有效支撑新能源消纳利用，提出新型储能改造、建设、调用、市场机制等方面的要求与举措，加快推进新型电力系统建设。

2025 年 1 月，国家发展改革委、国家能源局联合印发《关于深化新能源上网电价市场化改革 促进新能源高质量发展的通知》(发改价格〔2025〕136 号)，提出充分发挥市场在资源配置中的决定性作用，大力推动新能源高质量发展。《通知》要求不得将配置储能作为新建新能源项目核准、并网、上网等的前置条件。

2025 年 2 月，工业和信息化部等八部门联合印发《新型储能制造业高质量发展行动方案》(工信部联电子〔2025〕7 号)，提出构建新一代信息技术与新能源等增长引擎，深化新型储能供给侧结构性改革，推动新型储能制造业高质量发展，引导产业加快技术进步和转型升级。提出到 2027 年，我国新型储能制造业创新力和综合竞争力显著提升，实现高端化、智能化、绿色化发展。

◎ 结合新能源消纳需求统筹各类新型储能协同发展

未来三年，全国年新增新能源发电装机规模仍处于较高水平，重点地区新能源消纳形势紧张。新型储能在新能源大发时刻充电，供需紧张时刻放电，是支撑电力保供、促进新能源消纳的重要手段。结合各地新能源发展情况、新能源弃电时空特性，统筹规划、建设、布局不同时长、不同技术路线的新型储能，充分发挥其调节性资源特性，缓解新能源集中并网带来的消纳问题，保障新能源产业有序发展。

◎ 面向电力市场需求推动新型储能调度运用水平

2025 年 6 月起，全国新能源将全面进入电力市场参与交易，新建新能源项目不再强制配置储能。在电力市场背景下，新型储能可发挥电力保供、调峰、调频、备用等作用，新型储能可通过参与电能量市场、容量市场、辅助服务市场等电力市场获得收益。新能源项目不再强制配储后，电力市场运行情况对储能项目预期收益起到决定性作用。其中，电力市场日内价差、峰谷平时段持续时间等特征，是新型储能项目收益分析、技术选型的关键因素。结合系统需求提升新型储能调度运用水平，通过场站和新型储能一体化调用，区域新能源和新型储能统筹调用等方式，加强储能充放电计划与新能源消纳需求的匹配性，有效提高各类储能设施利用率。未来三年，分布式储能、虚拟电厂等新型经营主体陆续入市，需要健全参与市场规则、调度方式、检测计量手段等，保障新型主体参与市场的公平性，发挥新能源消纳、电力保供等功能，推动新型电力系统建设。

◎ 推动各类新型储能研发与上下游产业健康发展

未来三年，全国新型储能需求仍然处于较高水平，各类新型储能研发市场前景良好。当前全国新型储能仍以锂电池路线为主，长期依赖存量锂矿资源。钠离子电池、液硫电池、压缩空气等非锂电池技术路线前景广阔，需要加强储能装备设备研究、打通上下游产业，提高设备成熟度、能量转换效率，降低非锂电储能建设、运行成本，推动储能产业健康有序发展。此外，储能安全管理是各类新型储能大规模建设、运行的关键，未来三年，需要进一步加强储能极端条件、故障应对能力，提升储能系统的稳定性和抗灾害能力，构建安全、智能、高效的储能解决方案。

6　供需形势

Supply and Demand Situation

6.1 2024 年电力供需概况

2024 年，面对外部压力加大、内部困难增多的复杂严峻形势，党中央坚持稳中求进工作总基调，加力实施存量政策，适时优化宏观调控，积极提振内需，改善市场预期，推动我国经济明显回升向好。2024 年，全国电力供需总体平衡，来水不及预期、极端高温天气是诱发局部地区电力供需偏紧的主要原因。

随国家煤炭增产保供稳价政策有效实施，煤炭先进产能有序释放，进口煤大幅增加，库存保持高位，价格持续处于合理区间并稳步回落。迎峰度夏、迎峰度冬最大负荷日各地区存煤可用天数均较上年有所增加。一季度，云南持续发生冬春连旱，但受低基数影响，南方地区水电蓄能整体好于上年；二季度起，来水情况总体好转，南方地区水电蓄能持续处于近三年较高水平。

上半年，全国电力供需总体平衡，仅云南、蒙西部分时段采取负荷管理措施，其中云南主要受到来水不及预期影响；迎峰度夏期间，电力系统有效应对了持续极端高温天气带来的多轮负荷高峰考验，仅浙江、安徽、江西、四川、重庆、蒙西部分时段执行负荷管理措施；迎峰度冬期间，仅蒙西采取负荷管理措施。在各方协同努力下，全国电力供需形势总体平稳有序。

6.2
未来三年电力供需分析

综合考虑国际形势及我国经济发展特征，结合“碳达峰、碳中和”战略下电力工业发展趋势，预测未来三年电力供需情况。按照全国各省（区、市）电力需求预测结果、各类电源发展目标及逐年投产规模、跨省区电力流建设投产进度，对各地区未来三年的电力供需情况进行测算分析，预计未来三年全国电力供需形势总体平衡，部分地区在用电高峰时段存在电力供应紧张的情况。

6.2.1 2025 年电力供需形势分析

从电力需求看，随稳增长政策发力推动消费和投资逐步恢复，经济运行筑底回升态势渐趋明朗，在政策效力释放与市场预期改善的共同驱动下，预计 2025 年全社会用电需求将实现稳步增长。从电力供应来看，2025 年全国总装机规模将继续保持稳步增长，水电、核电、气电、煤电等保障供应安全的支撑性电源新增装机占比较上年进一步提升，但部分地区在用电高峰时段仍显不足。预计 2025 年全国电力供需形势总体平衡，局部趋紧，迎峰度夏期间，浙江、江苏、安徽、江西存在电力供应紧张风险；迎峰度冬期间，蒙西、青海、江西存在电力供应紧张风险。

◎ **华北地区**

华北地区全社会最大负荷约 3.90 亿千瓦，同比增长 7.5%；当年新增装机约 0.92 亿千瓦。经电力电量平衡测算分析，蒙西电力供需紧张，需要高度关注电源建设及投产进度；河北南网电力供需偏紧，需要通过压减备用、优化检修安排等措施保障电力供需基本平衡；京津唐、山东电力供需基本平衡；山西存在电力冗余。

◎ **东北地区**

东北地区全社会最大负荷约 0.96 亿千瓦，同比增长 3.8%；当年新增装机约 0.47 亿千瓦。经电力电量平衡测算分析，黑龙江、吉林、辽宁电力供需基本平衡；蒙东存在电力冗余。

◎ **西北地区**

西北地区全社会最大负荷约 1.69 亿千瓦，同比增长 8.5%；当年新增装机约 1.01 亿千瓦。经电力电量平衡测算分析，青海电力供需紧张，需要高度关注电源建设及投产进度；宁夏电力供需偏紧，需要通过压减备用、优化检修安排等措施保障电力供需基本平衡；陕西、甘肃、新疆电力供需基本平衡。

◎ **华东地区**

华东地区全社会最大负荷约 4.69 亿千瓦，同比增长 8.8%；当年新增装机约 0.49 亿千瓦。经电力电量平衡测算分析，浙江、江苏、安徽电力供需紧张，需要高度关注电源建设及投产进度；上海、福建电力供需基本平衡。

◎ **华中地区**

华中地区全社会最大负荷约 3.71 亿千瓦，同比增长 9.3%；当年新增装机约 0.63 亿千瓦。经电力电量平衡测算分析，江西电力供需紧张，需要高度关注电源建设及投产进度；四川、重庆电力供需偏紧，需要通过压减备用、优化检修安排等措施保障电力供需基本平衡；湖北、湖南、河南、西藏电力供需基本平衡。

◎ **南方地区**

南方地区全社会最大负荷约 3.23 亿千瓦，同比增长 11.0%；当年新增装机约 0.51 亿千瓦。经电力电量平衡测算分析，云南、贵州电力供需偏紧，需要通过压减备用、优化检修安排等措施保障电力供需基本平衡；广东、广西、海南电力供需基本平衡。

6.2.2 2026 年电力供需形势分析

◎ **华北地区**

华北地区全社会最大负荷约 4.12 亿千瓦 ~4.13 亿千瓦，同比增长 5.5%~5.8%；当年新增装机约 0.50 亿千瓦。经电力电量平衡测算分析，蒙西电力供需紧张，需要高度关注电源建设及投产进度；河北南网、山东电力供需偏紧，需要通过压减备用、优化检修安排等措施保障电力供需基本平衡；京津唐电力供需基本平衡；山西存在电力冗余。

◎ **东北地区**

东北地区全社会最大负荷约 1.02 亿千瓦，同比增长 5.4%~5.7%；当年新增装机约 0.26 亿千瓦。经电力电量平衡测算分析，吉林电力供需偏紧，需要通过压减备用、优化检修安排等措施保障电力供需基本平衡；蒙东、黑龙江、辽宁电力供需基本平衡。

◎ **西北地区**

西北地区全社会最大负荷约 1.80 亿千瓦 ~1.81 亿千瓦，同比增长 6.4%~6.8%；当年新增装机约 0.51 亿千瓦。青海电力供需紧张，需要高度关注电源建设及投产进度；陕西、宁夏、新疆电力供需偏紧，需要通过压减备用、优化检修安排等措施保障电力供需基本平衡；甘肃电力供需基本平衡。

◎ **华东地区**

华东地区全社会最大负荷约 4.91 亿千瓦 ~4.93 亿千瓦，同比增长 4.7%~5.0%；当年新增装机约 0.42 亿千瓦。经电力电量平衡测算分析，江苏电力供需紧张，需要高度关注电源建设及投产进度；上海、浙江、安徽电力供需偏紧，需要通过压减备用、优化检修安排等措施保障电力供需基本平衡；福建电力供需基本平衡。

◎ **华中地区**

华中地区全社会最大负荷约 3.96 亿千瓦 ~3.97 亿千瓦，同比增长 6.8%~7.0%；当年新增装机约 0.36 亿千瓦。经电力电量平衡测算分析，江西、四川、西藏电力供需紧张，需要高度关注电源建设及投产进度；湖南、河南、重庆电力供需偏紧，需要通过压减备用、优化检修安排等措施保障电力供需基本平衡；湖北电力供需基本平衡。

◎ **南方地区**

南方地区全社会最大负荷约 3.43 亿千瓦 ~3.45 亿千瓦，同比增长 6.2%~6.7%；当年新增装机约 0.25 亿千瓦。经电力电量平衡测算分析，云南电力供需紧张，需要高度关注电源建设及投产进度；贵州、海南电力供需偏紧，需要通过压减备用、优化检修安排等措施保障电力供需基本平衡；广东、广西电力供需基本平衡。

6.2.3 2027 年电力供需形势分析

◎ **华北地区**

华北地区全社会最大负荷约 4.33 亿千瓦 ~4.36 亿千瓦，同比增长 5.2%~5.7%；当年新增装机约 0.69 亿千瓦。经电力电量平衡测算分析，蒙西电力供需紧张，需要高度关注电源建设及投产进度；河北南网电力供需偏紧，需要通过压减备用、优化检修安排等措施保障电力供需基本平衡；京津唐、山东、山西电力供需基本平衡。

◎ **东北地区**

东北地区全社会最大负荷约 1.07 亿千瓦 ~1.08 亿千瓦，同比增长 5.2%~5.6%；当年新增装机约 0.39 亿千瓦。经电力电量平衡测算分析，蒙东、黑龙江、吉林、辽宁电力供需基本平衡。

◎ **西北地区**

西北地区全社会最大负荷约 1.91 亿千瓦 ~1.93 亿千瓦，同比增长 6.0%~6.6%；当年新增装机约 1.15 亿千瓦。青海电力供需偏紧，需要通过压减备用、优化检修安排等措施保障电力供需基本平衡；陕西、宁夏、甘肃、新疆电力供需基本平衡。

◎ **华东地区**

华东地区全社会最大负荷约 5.13 亿千瓦 ~5.16 亿千瓦，同比增长 4.3%~4.7%；当年新增装机约 0.43 亿千瓦。经电力电量平衡测算分析，江苏电力供需紧张，需要高度关注电源建设及投产进度；上海、浙江、安徽电力供需偏紧，需要通过压减备用、优化检修安排等措施保障电力供需基本平衡；福建电力供需基本平衡。

◎ **华中地区**

华中地区全社会最大负荷约 4.23 亿千瓦 ~4.24 亿千瓦，同比增长 6.7%~6.9%；当年新增装机约 0.53 亿千瓦。经电力电量平衡测算分析，四川电力供需紧张，需要高度关注电源建设及投产进度；湖南、河南、江西、重庆电力供需偏紧，需要通过压减备用、优化检修安排等措施保障电力供需基本平衡；湖北电力供需基本平衡。

◎ **南方地区**

南方地区全社会最大负荷约 3.64 亿千瓦 ~3.68 亿千瓦，同比增长 5.9%~6.6%；当年新增装机约 0.36 亿千瓦。经电力电量平衡测算分析，云南电力供需紧张，需要高度关注电源建设及投产进度；贵州电力供需偏紧，需要通过压减备用、优化检修安排等措施保障电力供需基本平衡；广东、广西、海南电力供需基本平衡。

7　电力经济

Power Economy

7.1 电源工程造价水平及预测

7.1.1 2024 年度电源工程参考造价

根据 2024 年度典型工程初步设计及施工图资料，建筑安装工程与其他费用采用现行计价标准，设备材料价格采用 2024 年市场价格，测算得到各类电源工程参考造价指标。

各类电源工程 2024 年参考造价指标　　单位：元 / 千瓦

电源类型	类别	造价指标
燃煤发电工程	2×350 兆瓦	4549
	2×660 兆瓦	3990
	2×1000 兆瓦	3508
燃气发电工程	2×745 兆瓦等级（9H 纯凝）	1911
	2×400 兆瓦等级（9F 纯凝）	2048
核电工程	华龙一号	16000~16500
风电工程	陆上风电	3000~4500
	海上风电	8000~12000
光伏发电工程	全国（除西藏）	2300~3200

数据来源：《火电工程限额设计参考造价指标 2024》，相关核电工程初步设计报告

7.1.2 未来三年造价水平预测

根据 2018—2024 年电源造价情况，结合技术进步因素、电力市场供需水平以及行业政策引导的影响，对未来三年造价趋势进行预测。

煤电工程造价持平

2024 年度主机和主要辅机设备价格较 2023 年呈现差异化变动，总体水平较上年上涨约 2%~3%，但主要材料价格较 2023 年略有下降，概算单位造价整体与上年持平。考虑到"十五五"期间煤电机组对新能源项目的支撑作用，未来三年煤电机组规划容量相对稳定，当前的设备价格水平预计有一定持续性，预测 2025—2027 年煤电工程造价水平与 2024 年持平。

燃气发电工程造价持平

2024 年燃机主设备价格较 2023 年略有上涨，但主要材料价格较 2023 年略有下降，概算单位造价与上年持平。由于天然气价格高企，燃气发电工程收益率受到较大影响，在天然气价格和电价机制不出现较大变化的情况下，未来三年燃机项目发展将相对平稳，预测 2025—2027 年燃气发电工程造价水平与 2024 年持平。

风电造价呈现下降趋势

2024 年风机设备价格与 2023 年持平，概算单位造价与上年持平。随着"双碳"战略目标下新型电力系统建设发展，"十四五"期间新能源项目快速发展，风电主机价格下降潜力将进一步释放，预测 2025—2027 年风电工程造价水平降幅约为 10%。

光伏造价呈现下降趋势

2024 年光伏组件价格进一步大幅下降，概算单位造价较上年下降约 14%。随着"双碳"目标下新型电力系统建设发展，"十四五"期间新能源项目快速发展，光伏组件价格持续下降，光伏组件价格仍有一定下降潜力，预测 2025—2027 年光伏工程造价水平降幅约为 5%。

核电造价呈小幅上涨趋势

2024 年三代核电机组价格水平（建成价口径）与 2023 年持平。综合考虑核电沿海厂址减少、技术进一步升级、人工及关键材料单价上涨因素，预测 2025—2027 年三代核电工程造价水平将小幅上涨。

7.2 电网工程造价水平及预测

7.2.1 2024 年电网工程参考造价

根据 2024 年度典型工程初步设计及施工图资料，建筑安装工程费与其他费用采用现行计价标准，设备材料价格采用 2024 年市场价格，测算 2024 年输变电新建工程参考造价指标。

输电线路工程 2024 年造价参考指标　　单位：万元 / 公里

电压等级	回路数	导线规格	单位造价
1000 千伏	双回	8×JL/G1A−630/45	1171
±800 千伏	双极	6×JL/G3A−1000/45、6×JL/G2A−1000/80	439
750 千伏	双回	6×JL/G1A−500/45	652
	单回	6×JL/G1A−400/50	306
500 千伏	双回	4×JL/G1A−630/45	442
	单回	4×JL/G1A−630/45	240
330 千伏	双回	2×JL/G1A−300/40	198
	单回	2×JL/G1A−300/40	121
220 千伏	双回	2×JL/G1A−400/35	167
	单回	2×JL/G1A−400/35	105
110 千伏	双回	2×JL/G1A−300/40	142
	单回	2×JL/G1A−300/40	79

数据来源：《电网工程限额设计控制指标（2024 年水平）》

变电工程 2024 年造价参考指标　单位：元 / 千伏安、元 / 千瓦

电压等级	建设规模	技术方案	单位造价
1000 千伏	2×3000 兆伏安	GIS	304
±800 千伏	8000 兆瓦	GIS	641
750 千伏	1×2100 兆伏安	GIS	350
	1×2100 兆伏安	HGIS	291
500 千伏	1×750 兆伏安	柱式断路器	287
	2×1000 兆伏安	罐式断路器	152
	2×1000 兆伏安	GIS	159
	2×1000 兆伏安	HGIS	168
330 千伏	2×240 兆伏安	HGIS	484
	2×360 兆伏安	GIS	293
220 千伏	2×180 兆伏安	柱式断路器	333
	2×240 兆伏安	GIS	259
	2×240 兆伏安	HGIS	268
110 千伏	1×50 兆伏安	柱式断路器	647
	2×50 兆伏安	HGIS	399

数据来源：《电网工程限额设计控制指标（2024 年水平）》

7.2.2 未来三年造价水平预测

根据 2014—2024 年线路工程造价情况，结合技术进步因素、电力市场供需水平以及行业政策引导的影响，对未来三年造价趋势进行预测。

2024 年线路工程导线价格上涨、塔材价格下降，单位造价水平较 2023 年略有增加。在现有技术方案条件下，预计 2025—2027 年线路工程单位造价仍呈现上涨趋势。

线路工程造价呈上升趋势

2024 年由于人工及主要设备材料价格上涨，可靠性要求、建设标准逐渐提高，变电工程单位造价水平有所上升。在现有技术方案条件下，2025—2027 年变电工程单位造价仍将保持上升趋势。

变电工程造价呈上升趋势

7.3
2024 年上网电价水平

2023 年 11 月，国家发展改革委、国家能源局印发《关于建立煤电容量电价机制的通知》（发改价格〔2023〕1501 号），将煤电单一制电价调整为两部制电价，电量电价回收可变成本和部分固定成本，容量电价回收剩余部分固定成本。2014 年国家发展改革委《关于规范天然气发电上网电价管理有关问题的通知》（发改价格〔2014〕3009 号），明确对天然气发电价格管理实行省级负责制确定，根据天然气发电在电力系统中的作用及投产时间，实行差别化的上网电价机制，具备天然气发电条件的地区可以通过市场竞争或与电力用户协商确定电价。2014 年国家发展改革委《关于完善水电上网电价形成机制的通知》（发改价格〔2014〕61 号）明确，2014 年 2 月 1 日以后新投产水电站中跨省跨区域交易价格由供需双方协商确定，省内上网电价实行标杆电价制度，并且鼓励通过竞争方式确定水电价格。现阶段，我国对于二代核电与三代核电执行差异化的电量电价政策，二代核电机组上网电量分为计划电量和市场电量，实施“标杆电价 + 市场化电价”的双轨制定价机制；三代核电首台套项目，2019 年国家发展改革委《关于三代核电首批项目试行上网电价的通知》（发改价格〔2019〕535 号）明确，设计利用小时以内的电量按照政府定价执行，以外的电量按照市场价格执行。2021 年国家发展改革委《关于 2021 年新能源上网电价政策有关事项的通知》（发改价格〔2021〕833 号）提出，2021 年起对新建项目（新备案集中式光伏电站、工商业分布式光伏项目和新核准陆上风电项目），中央财政不再补贴，实行平价上网，即上网电价按当地燃煤发电基准价执行；鼓励新建项目自愿通过参与市场化交易形成上网电价，以更好体现光伏发电、风电的绿色电力价值。

2024 年我国各类电源上网电价如下表所示。

我国各类电源上网电价机制

电源类型	上网电价机制	价格制定方式	备注
煤电	两部制	燃煤发电电量原则上全部进入电力市场，通过市场交易在“基准价 + 上下浮动”范围内形成上网电价。上下浮动原则上均不超过 20%，高耗能企业市场交易电价不受上浮	《国家发展改革委关于进一步深化燃煤发电上网电价市场化改革的通知》（发改价格规〔2021〕1439 号）；《关于建立煤

续表

电源类型	上网电价机制	价格制定方式	备注
煤电	两部制	20%限制。电力现货价格不受上述幅度限制。用于计算容量电价的煤电机组固定成本实行全国统一标准，为每年每千瓦330元；2024—2025年多数地方为30%左右，部分煤电功能转型较快的地方适当高一些，为50%左右	电容量电价机制的通知》（发改价格〔2023〕1501号）
气电	单一制电价和两部制电价两种形式	各省物价局核定燃气电厂上网电价。不同省区政策存在差异，部分省区执行燃气标杆电价，部分省区采用“一厂一核”方式核定电价	上海、江苏、浙江、河南（调峰机组）执行两部制电价
水电	实行标杆电价制度，并且鼓励通过竞争方式确定水电价格。部分地区水力发电逐步转为市场化交易	大型水电站由国家发展改革委采用“一厂一核”方式核定电价水平；小型水电站由各省物价部门核定	《关于完善水电上网电价形成机制的通知》（发改价格〔2014〕61号）
核电	二代核电机组实施“标杆电价+市场化电价”的双轨制定价机制。三代核电首台套项目，设计利用小时以内的电量按照政府定价执行，以外的电量按照市场价格执行	2013年1月1日以前投产机组仍按原规定执行。2013年1月1日后投产机组实行标杆上网电价（0.43元/kWh）政策，核电标杆上网电价高于核电机组所在地燃煤基准价的地区，新建核电机组投产后执行当地燃煤基准价	三代核电首台套试行《国家发展改革委关于三代核电首批项目试行上网电价的通知》（发改价格〔2019〕535号）
集中式风电、光伏	“保障性消纳+市场化交易”结合的方式。部分地区选择推动新能源电量以政府授权中长期合约的形式进入电力市场	对新备案集中式光伏电站、工商业分布式光伏项目，中央财政不再补贴，实行平价上网，按当地燃煤发电基准价执行，可自愿通过参与市场化交易形成上网电价。自愿通过参与市场化交易形成上网电价，以更好体现绿色电力价值	国家发展改革委关于2021年新能源上网电价政策有关事项的通知（发改价格〔2021〕833号）；2022年4月，国家发展改革委印发《关于2022年新建风电、光伏发电项目延续平价上网政策的函》；2022年4月，新疆维吾尔自治区发展改革委印发关于《完善我区新能源价格机制的方案》的通知
分布式风电、光伏	平价上网。可自愿通过参与市场化交易形成上网电价以更好体现绿色电力价值	分布式光伏发电的上网电量主要由电网企业按照当地燃煤基准价收购，暂不分摊辅助服务补偿费用、市场运营费用等。随着市场建设的推进，部分地区根据当地的电力市场情况，制定了相应的市场化交易规则和分布式光伏上网电价机制	《国家发展改革委关于2021年新能源上网电价政策有关事项的通知》（发改价格〔2021〕833号）；2022年4月，国家发展改革委印发《关于2022年新建风电、光伏发电项目延续平价上网政策的函》
抽水蓄能	容量电价（元/千瓦）：289.73~823.34	核定了在运及2025年底前拟投运的48座抽水蓄能电站的容量电价，自2023年6月1日起执行	2023年5月15日国家发展改革委发布《关于抽水蓄能电站容量电价及有关事项的通知》（发改价格〔2023〕533号）

7.4
2024 年输配电价水平

7.4.1 省级电网输配电价

2023 年 5 月，国家发展改革委印发《关于第三监管周期省级电网输配电价及有关事项的通知》（发改价格〔2023〕526 号），要求将用户用电价格逐步归并为居民生活、农业生产及工商业用电三类。其中，工商业用电容量在 100 千伏安及以下的执行单一制电价，100 千伏安至 315 千伏安之间的可选择执行单一制或两部制电价，315 千伏安及以上的执行两部制电价。政策从 2023 年 6 月 1 日开始执行。第三监管周期各省工商业用电执行的输配电价水平如下表所示。

第三监管周期各省工商业用电单一制输配电价一览表 单位：元 / 千瓦时

省级电网	不满 1kV	1-10（20）kV	35kV	110kV	220kV
北京	0.4100	0.3900	0.3200	0.3200	0.2750
天津	0.2839	0.2510	0.1866	0.1536	0.1316
河北	0.1950	0.1750	0.1550	—	—
冀北	0.1602	0.1442	0.1282	—	—
山西	0.1456	0.1256	0.1106	—	—
山东	0.2219	0.2069	0.1919	—	—
上海	0.2756	0.2305	0.1859	—	—
江苏	0.2394	0.2134	0.1884	—	—
浙江	0.2452	0.2144	0.1770	—	—
安徽	0.1814	0.1614	0.1414	—	—
福建	0.1833	0.1633	0.1433	0.1233	0.1033
湖北	0.2103	0.1903	0.1703	—	—

续表

省级电网	不满 1kV	1-10（20）kV	35kV	110kV	220kV
湖南	0.2558	0.2358	0.2158	0.1958	—
江西	0.1766	0.1616	0.1466	—	—
河南	0.1955	0.1680	0.1412	0.1145	—
四川	0.2560	0.2296	0.1989	—	—
重庆	0.2321	0.2121	0.1922	0.1774	—
辽宁	0.2297	0.2085	—	0.1875	—
吉林	0.2864	0.2564	—	0.2464	—
黑龙江	0.2828	0.2726	0.2615	0.2410	—
蒙东	0.3732	0.3361	0.2504	—	—
蒙西	0.1561	0.1289	0.1139	—	—
陕西	0.2215	0.2015	0.1815	0.1565	—
甘肃	0.2965	0.2765	0.2565	—	—
宁夏	0.1846	0.1646	0.1446	—	—
青海	0.1858	0.1807	0.1756	—	—
新疆	0.1636	0.1606	0.1566	—	—
广东	0.1965	0.1719	0.1296	—	—
广西	0.2589	0.2462	0.2264	—	—
云南	0.1620	0.1520	0.1420	—	—
贵州	0.2186	0.2062	0.1805	—	—
海南	0.2592	0.2361	—	—	—

数据来源：国家发展和改革委员会官网

注：表中电价含增值税、对居民和农业用户的基期交叉补贴，不含政府性基金及附加、上网环节线损费用、抽水蓄能容量电费，国家电网区域省市含区域电网容量电价。下表同。

第三监管周期各省工商业用电两部制输配电价一览表

省级电网	电度电价（元 / 千瓦时）需量电价（元 / 千瓦·月）					容（需）量电价							
						容量电价（元 / 千伏安·月）							
	不满1kV	1-10（20）kV	35 kV	110 kV	220 kV	10（20）kV及以下	35 kV	110 kV	220 kV	10（20）kV及以下	35 kV	110 kV	220 kV
北京		0.2065	0.1660	0.1660	0.1510	51.0	48.0	48.0	45.0	32.0	30.0	30.0	28.0
天津	0.2158	0.1687	0.1456	0.1316	0.1102	41.6	38.4	38.4	35.2	26.0	24.0	24.0	22.0
河北		0.1533	0.1333	0.1133	0.0933	35.0	35.0	32.0	32.0	21.9	21.9	20.0	20.0
冀北		0.1292	0.1132	0.0972	0.0912	37.3	37.3	34.6	34.6	23.3	23.3	21.6	21.6
山西		0.104	0.074	0.049	0.029	36.0	36.0	33.6	33.6	22.5	22.5	21.0	21.0
山东		0.1491	0.1341	0.1191	0.1041	38.4	35.2	35.2	32.0	24.0	22.0	22.0	20.0
上海	0.2234	0.2039	0.1547	0.1251	0.1127	40.8	40.8	38.4	38.4	25.5	25.5	24.0	24.0
江苏		0.1357	0.1107	0.0857	0.0597	51.2	48.0	44.8	41.6	32.0	30.0	28.0	26.0
浙江		0.1260	0.0955	0.0791	0.0688	48.0	44.8	41.6	38.3	30.0	28.0	26.0	24.0
安徽		0.1428	0.1175	0.0924	0.0673	48.0	45.6	44.0	40.8	30.0	28.5	27.5	25.5
福建		0.1292	0.1092	0.0842	0.0592	40.0	39.0	38.0	37.0	25.0	24.4	23.8	23.1
湖北		0.1263	0.1065	0.0884	0.0694	42.0	42.0	39.0	39.0	26.3	26.3	24.4	24.4
湖南		0.1694	0.1394	0.1104	0.0852	33.8	33.8	30.6	30.6	21.1	21.1	19.1	19.1
江西		0.1505	0.1355	0.1205	0.1105	42.3	40.6	39.1	37.5	26.4	25.4	24.4	23.4
河南		0.1680	0.1456	0.1210	0.1030	40.0	36.9	33.7	30.5	25.0	23.0	21.0	19.0
四川		0.1390	0.1092	0.0669	0.0478	35.0	32.0	27.0	24.0	22.0	20.0	17.0	15.0
重庆		0.1529	0.1271	0.1078	0.0885	35.2	35.2	32.0	32.0	22.0	22.0	20.0	20.0

续表

省级电网	电度电价（元 / 千瓦时）需量电价（元 / 千瓦·月）					容（需）量电价							
						容量电价（元 / 千伏安·月）							
	不满1kV	1-10（20）kV	35 kV	110 kV	220 kV	10（20）kV及以下	35 kV	110 kV	220 kV	10（20）kV及以下	35 kV	110 kV	220 kV
辽宁		0.1024		0.0838	0.0571	36.8		35.2	33.6	23.0		22.0	21.0
吉林		0.1497		0.1197	0.1097	36.8		35.2	35.2	23.0		22.0	22.0
黑龙江		0.1358	0.1144	0.1016	0.0753	36.8	36.8	35.2	35.2	23.0	23.0	22.0	22.0
蒙东		0.1483	0.1413	0.1019	0.0789	32.8	32.8	31.2	31.2	20.5	20.5	19.5	19.5
蒙西		0.0795	0.0645	0.0525	0.0455	32.8	32.8	31.2	31.2	20.5	20.5	19.5	19.5
陕西（不含榆林地区）		0.1231	0.1031	0.0831	0.0731	35.2	35.2	32.0	32.0	22.0	22.0	20.0	20.0
陕西（榆林地区）		0.1038	0.0838	0.0638	0.0538	35.2	35.2	32.0	32.0	22.0	22.0	20.0	20.0
甘肃		0.1028	0.0888	0.0764	0.0658	38.4	36.8	32.8	32.8	24.0	23.0	20.5	20.5
宁夏		0.0920	0.0769	0.0600	0.0521	28.8	28.8	25.6	25.6	18.0	18.0	16.0	16.0
青海		0.0834	0.0779	0.0677	0.0577	33.6	33.6	32.0	32.0	21.0	21.0	20.0	20.0
新疆		0.1204	0.1100	0.0815	0.0486	32.0	32.0	30.4	30.4	20.0	20.0	19.0	19.0
广东		0.0985	0.0734	0.0734	0.0457	36.1	31.0	31.0	26.1	22.6	19.4	19.4	16.3
广西		0.1476	0.1054	0.0777	0.0288	38.7	37.3	34.2	32.0	24.2	23.3	21.4	20.0
云南		0.1296	0.1045	0.0749	0.0555	38.4	38.4	36.8	36.8	24.0	24.0	23.0	23.0
贵州		0.1280	0.1143	0.0777	0.0529	35.0	33.0	31.0	30.0	22.0	21.0	20.0	19.0
海南		0.1350	0.0815	0.0798	0.0700	35.2	35.2	35.2	35.2	22.0	22.0	22.0	22.0

7.4.2 区域电网输电价

2023 年 5 月，国家发展改革委印发《关于第三监管周期区域电网输电价格及有关事项的通知》（发改价格〔2023〕532 号），政策从 2023 年 6 月 1 日开始执行。第三监管周期各区域电网输电价格如下表所示。

第三监管周期区域电网输电价格表　单位：元 / 千瓦时

区域	电量电价	容量电价	
		单位	水平
华北	0.0082	北京	0.0190
		天津	0.0137
		冀北	0.0058
		河北	0.0060
		山西	0.0026
		山东	0.0036
华东	0.0075	上海	0.0063
		江苏	0.0036
		浙江	0.0038
		安徽	0.0052
		福建	0.0024
华中	0.0222	湖北	0.0032
		湖南	0.0030
		河南	0.0023
		江西	0.0029
		四川	0.0020
		重庆	0.0049
东北	0.0163	辽宁	0.0041
		吉林	0.0043
		黑龙江	0.0039
		蒙东	0.0040
西北	0.0142	陕西	0.0014
		甘肃	0.0027
		青海	0.0014
		宁夏	0.0019
		新疆	0.0009

数据来源：国家发展和改革委员会官网

注：表中电价含增值税，电量电价不含线损。

7.5

2024 年销售电价水平

2021 年年底，我国取消了工商业目录电价并建立了代理购电制度，对暂未从电力市场直接购电的工商业用户由电网企业代理购电；居民、农业用电由电网企业保障，保持价格稳定，继续执行目录电价政策。2024 年各省居民、农业用电价格水平如下图所示。

2021 年 7 月，国家发展改革委印发《关于进一步完善分时电价机制的通知》（发改价格〔2021〕1093 号），提出进一步完善峰谷电价机制，合理确定峰谷电价价差，建立尖峰、深谷电价机制，健全季节性电价机制。2024 年，冀北、山东、河南、湖北、江西、江苏、上海、浙江、安徽、福建、黑龙江、吉林、蒙东、甘肃、青海、西藏、云南、蒙西等地结合本地实际情况进一步明确了分时电价执行范围、时段划分和浮动比例。江西、湖北、江苏、安徽、福建、黑龙江、吉林、青海、云南等地建立或调整了尖峰电价机制，其中，江西、黑龙江、云南暂停执行尖峰电价政策；湖北将 7 月、8 月以外月份的尖峰电价由 20:00–22:00 调整至 18:00–20:00；江苏优化了 315 千伏安及以上工业用电夏冬两季尖峰电价政策，取消了冬季早尖峰时段，调整了夏季晚尖峰时长；安徽调整了季节性尖峰电价政策，尖峰电价由固定加价 0.072 元 / 千瓦时调整为在高峰电价基础上上浮 20%；福建在每年 7–9 月 11:00–12:00、17:00–18:00 设立尖峰电价，价格水平为在平段电价基础上上浮 80%；吉林由固定月份执行尖峰电价调整为灵活启动机制；青海将尖峰电价在高峰电价基础上上浮调整为平段电价基础上上浮 100%。山东、江西、江苏、上海、浙江、蒙东、蒙西等地建立或调整了深谷电价机制，其中，山东在 2022 年建立深谷电价的基础上进行了调整，将原全年深谷时段原则上各不超过 1095 小时调整为不超过 1200 小时；江西试行重大节日深谷电价，将春节、劳动节、国庆节 12:00–14:00 设置为深谷时段；江苏降低了 315 千伏安及以上的工业用电重大节日深谷电价；上海扩大了大工业用户深谷电价实施时间，大工业用户在元旦、春节、清明节、劳动节、端午节、中秋节、国庆节，以及 2–6 月、9–11 月休息日执行深谷电价；浙江将春节、劳动节、国庆节 10:00–14:00 设置为深谷时段，试行重大节假日深谷电价；蒙东和蒙西在每年 6–8 月实施深谷电价，深谷电价在谷段电价基础上下浮 20%。

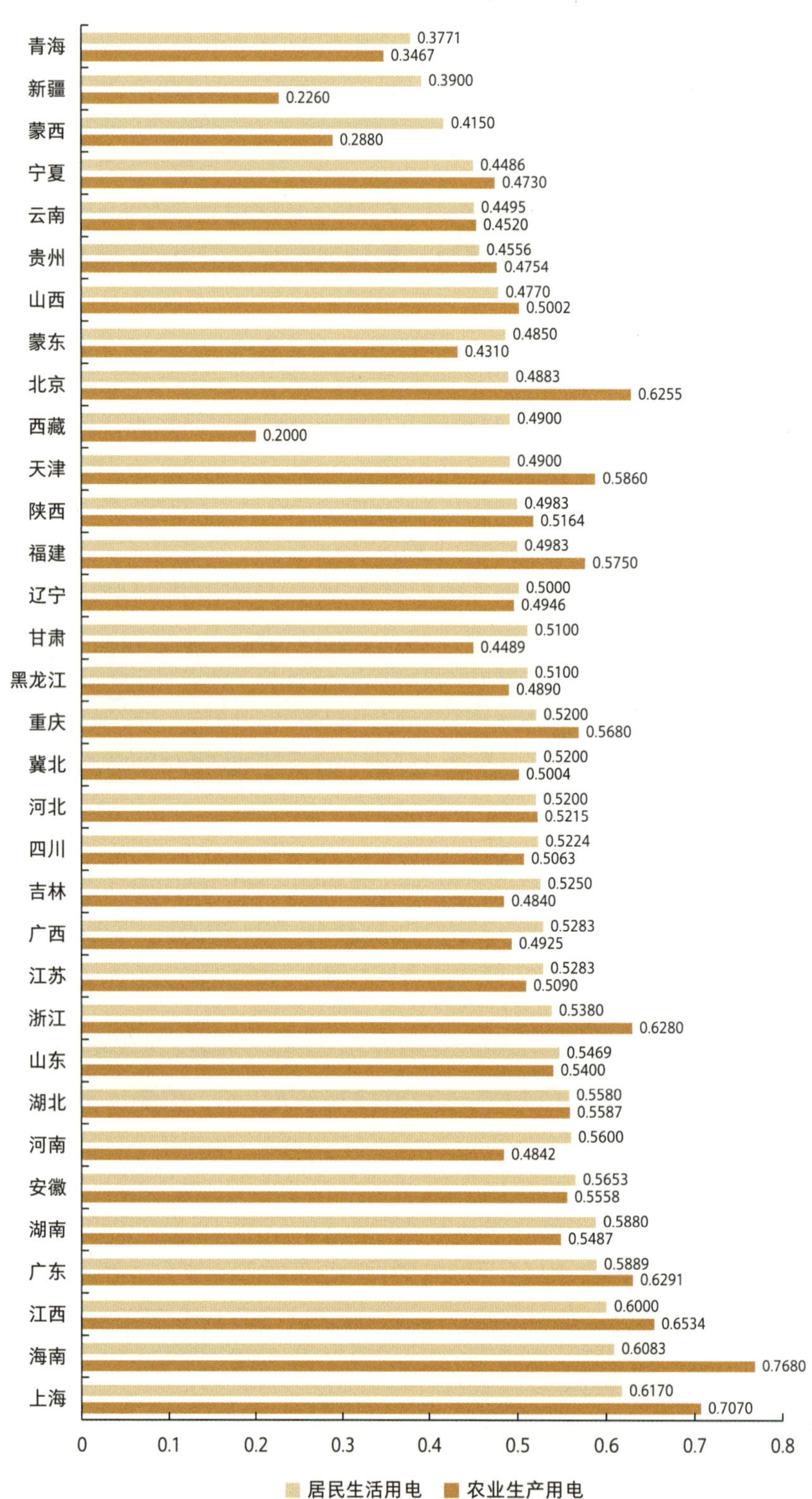

全国各省居民、农业用电销售电价水平（元/千瓦时）

注：1. 居民生活用电为“一户一表”不满1千伏电压等级第一档用户销售电价，农业生产用电为不满1千伏电压等级销售电价。

2. 蒙东电网以赤峰通辽电网为例；广东以广州市为例；陕西不含榆林地区；西藏以中部电网为例；新疆以乌鲁木齐市为例，居民生活用电价格数据为到户电价；云南不考虑电能替代电量，但考虑免征地方水库移民扶持基金。

8 电力市场与价格

Electricity Market and Price

8.1 改革进展

8.1.1 电力市场建设进展

1. 电力市场总体框架基本形成

我国电力市场目前已基本建成“统一市场、协同运作”的电力市场总体框架。电力市场在空间范围上覆盖省间、省内，在时间周期上覆盖多年、年度、月度、月内（旬、周、多日）和日前、日内现货交易，在交易标的上覆盖电能量、辅助服务等交易品种。市场间的协同运作水平不断提升，为促进资源大范围优化配置和能源清洁低碳转型提供了市场机制。2024 年迎峰度夏期间，在用电负荷大幅高于往年的情况下，依托中长期市场及省间现货市场，跨区通道最大送电达 1.42 亿千瓦，比 2016 年增长十多倍，最大支援华东、西南 1400 万千瓦，未启动有序用电，有效保障经济社会发展用电需要。

2024 年，《电力市场信息披露基本规则》（国能发监管〔2024〕9 号）、《电力市场注册基本规则》（国能发监管规〔2024〕76 号）等基本规则完成制修订，我国目前已逐步构建起以《电力市场运行基本规则》为基础，电力中长期、现货、辅助服务规则为主干，市场注册、计量结算、信息披露规则为支撑的全国统一电力市场“1+N”基础规则体系，奠定了全国统一电力市场的制度基础。

2. 电力市场功能作用持续增强

电力中长期市场已在全国范围内基本实现常态化运行，中长期交易规模持续增长，2024 年全国中长期交易电量占市场交易电量比重的 90% 以上，成交价格平稳，充分发挥了电力中长期交易保供稳价的基础作用。中长期市场在省间、省内全覆盖基础上正逐步转入连续运营，10 余个省份已实现按工作日连续开市，省间多通道集中优化出清交易转正式运行，跨省跨区交易方式更加灵活。省内中长期市场以年度交易为主、月度交易为辅，月内交易频率逐步提高，部分省份探索开展了 D-3 或 D-2 交易。交易时段划分更加精细，多个省份实现了中长期合同按照 24 时段签约电力曲线，通过分时段的交易机制和价格信号，引导经营主体主动响应系统峰谷变化，提升资源配置效率。

电力现货市场进入转正式阶段。山西、广东、山东、甘肃、蒙西和省间电力现货市场陆续转入正式运行，21 个省级现货市场开展试运行，南方区域电力市场开展整月结算试运行，长三角区域建立电力互济交易机制。各地区积极探索实践，电力现货市场建设正从试点逐步走向全国。

电力辅助服务市场基本实现全国覆盖。市场化交易的辅助服务品种不断拓展，初步建立市场引导的辅助服务资源优化配置机制，形成以调峰、调频、备用等交易品种为核心的区域、省级辅助服务市场体系，实现了市场对资源的优化配置，对保障电力系统安全稳定运行、促进新能源消纳、降低系统调节成本发挥了积极的作用。

零售市场快速发展。我国零售市场稳步推进，售电公司健康发展，各方主体责任明确，为进一步加快推进电力市场建设奠定基础。2024 年我国零售交易电量达到 3.6 万亿千瓦时，占市场化交易电量的 58%。

3. 电力市场运营水平不断提升

2024 年，全国市场化交易电量由 2016 年的 1 万亿千瓦时增长至 2024 年的 6.18 万亿千瓦时，占全社会用电量的比例由 16.9% 提升至 62.7%。经营主体数量快速增长，市场开放度、活跃度大幅提升。截至 2025 年 2 月底，注册参与交易的经营主体数量由 2016 年的 4.2 万家增加至 81.6 万家，增长近 20 倍，涵盖了火电、新能源、核电等发用电两侧各类经营主体。发电侧燃煤机组全部进入市场，超过半数的新能源及部分燃气、核电和水电参与市场；用户侧除居民、农业用户外全部工商业用户进入市场。售电公司已达 4000 余家，近 60 万家零售用户通过零售市场购电。独立储能、虚拟电厂、负荷聚合商等新型主体蓬勃发展，多元主体友好互动的新型商业模式不断涌现。各类经营主体市场参与度和技术能力不断提升，电力市场活跃度进一步提高。

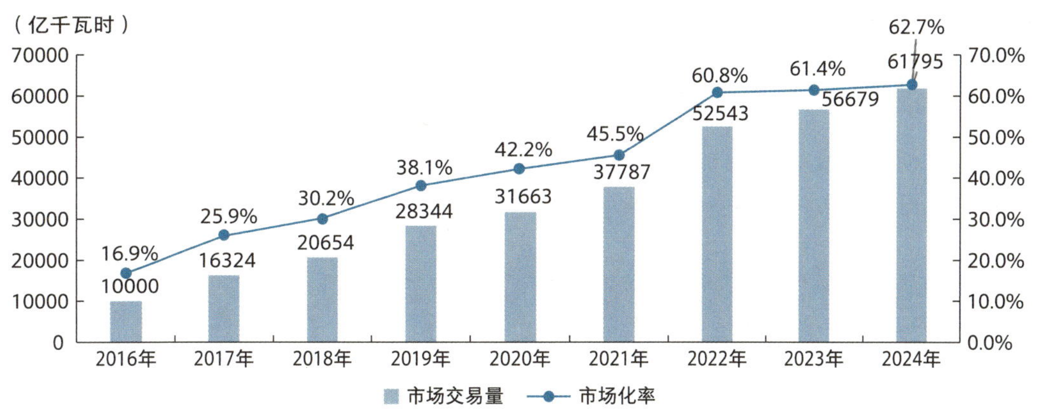

2016 年—2024 年全国电力市场交易规模

2024 年电力市场建设重要政策汇总表

时间	政策	主要相关内容
2024.01	《电力市场信息披露基本规则》国能发监管〔2024〕9 号	从信息披露原则和方式、信息披露内容、披露信息调整、信息保密和封存、监督管理等方面明确全国电力市场信息披露机制，规范信息披露工作
2024.02	《关于建立健全电力辅助服务市场价格机制的通知》发改价格〔2024〕196 号	优化调峰辅助服务交易和价格机制 健全调频辅助服务交易和价格机制 完善备用辅助服务交易和价格机制 规范辅助服务价格传导
2024.04	《电力市场运行基本规则》国家发展改革委 2024 年第 20 号令	调整有关市场范围、运营机构、交易主体表述 完善了电能量、辅助服务交易等定义和交易方式 细化风险防控相关要求等内容
2024.07	《电力中长期交易基本规则—绿色电力交易专章》发改能源〔2024〕1123 号	建立健全绿色电力交易机制 绿色电力交易应坚持绿色优先、市场导向、安全可靠的原则，充分发挥市场作用，合理反映绿色电力的电能量价值和环境价值
2024.09	《电力市场注册基本规则》国能发监管规〔2024〕76 号	用于全国范围内各类经营主体的电力市场注册 包括参与电力市场交易的发电企业、售电公司、电力用户和新型经营主体（含新型储能企业、虚拟电厂、智能微电网等）

来源：根据公开资料整理

8.1.2 电价改革进展

1. 电力辅助服务市场价格机制进一步完善

2024 年 2 月，国家发展改革委、国家能源局印发《关于建立健全电力辅助服务市场价格机制的通知》（发改价格〔2024〕196 号），按照“谁服务、谁获利，谁受益、谁承担”的总体原则，完善辅助服务价格形成机制，推动辅助服务费用规范有序传导分担。一是合理设置有偿辅助服务品种。聚焦调峰、调频、备用服务，明确相关价格机制。二是规范辅助服务计价规则。完善各类辅助服务交易机制，各类辅助服务通过市场竞争确定出清价格、中标里程（容量、出力）、中标时段等；明确各类辅助服务价格上限，科学设置清晰统一的价格上限标准。三是科学确定辅助服务市场需求。要求各地以保障电力系统安全稳定运行为目标科学测算确定辅助服务需求；不得采用事后调整结算公式等方式确定辅助服务费用规模和价格标准。四是健全辅助服务费用传导机制。分别针对电力现货市场未连续运行和连续运行地区，明确辅助服务费用传导机制，特别是电力现货市场连续运行的地区，相关辅助服务费用原则上由用户用电量和未参与电能量市场交易的上网电量共同分担。此外，强调推动各类经营主体公平参与辅助服务市场，提出加强辅助服务市场与中长期市场、现货市场等统筹衔接，明确强化监管、健全辅助服务价格管理机制相关要求。

2. 电动自行车充电收费进一步规范

2024 年 6 月，国家发展改革委、市场监管总局印发《关于规范电动自行车充电收费行为的通知》（发改办价格〔2024〕537 号），规范充电收费行为，引导充电服务收费标准合理形成。一是充电费用实行价费分离，严格明码标价。强调分别标示充电电价、服务费项目与收费标准。二是严格落实有关电价政策。明确居民住宅小区内的、涉及非电网直供电的、居民住宅小区外的电动自行车充电设施用电的充电电费计收要求。三是充电服务费实行市场调节。要求充电设施运营单位按照弥补成本、合理收益、诚实信用原则合理制定充电服务费标准。四是推动降低充电服务费。提出可通过小区产权单位等有关主体自建充电设施、增加第三方建设运营的充电设施让利空间等方式降低充电服务费；鼓励通过给予补贴、更好发挥国企作用等方式，降低充电设施建设运营成本。五是推动充电设施由电网直接供电。电网企业按照“能改尽改”原则对充电设施加快改造，尽快实现向电动自行车充电设施运营单位直接供电，2025 年 1 月 1 日以后新建居民住宅小区的充电设施原则上应当由电网企业直接供电。

3. 新能源上网电价市场化改革进一步深化

2025 年 1 月，国家发展改革委、国家能源局印发《关于深化新能源上网电价市场化改革 促进新能源高质量发展的通知》（发改价格〔2025〕136 号），按照价格市场形成、责任公平承担、区分存量增量、政策统筹协调的要求，深化新能源上网电价市场化改革。一是推动新能源上网电量参与市场交易。明确新能源项目（风电、太阳能发电）上网电量原则上全部进入电力市场，上网电价通过市场交易形成。二是在推动新能源全面参与市场的同时注重加强电力市场顶层设计。指导各地加快现货市场建设，推动新能源公平参与实时市场，加快实现自愿参与日前市场，适当放宽现货市场限价；综合施策提升新能源中长期交易灵活性，统筹推进绿电市场发展。三是创新建立新能源可持续发展价格结算机制。提出新能源参与电力市场交易后，在市场外建立差价结算的机制，对纳入机制电量，市场交易均价低于或高于机制电价的部分，按规定开展结算，应对新能源入市后的市场价格波动风险和投资不确定性，提升市场收益水平。明确机制的电量规模、机制电价和执行期限，对存量和增量新能源发电项目精准分类施策；明确机制的结算方式，选取市场同类项目加权平均价格作为差价结算的基准，提升新能源市场经营实效；明确机制的退出规则，已纳入机制的新能源项目，执行期限内可自愿申请退出。

2024 年电价改革相关政策汇总表

时间	政策	主要相关内容
2024.02	国家发展改革委、国家能源局《关于建立健全电力辅助服务市场价格机制的通知》	优化调峰辅助服务交易和价格机制，完善调峰市场交易机制，合理确定调峰服务价格上限。 健全调频辅助服务交易和价格机制，规范调频市场交易机制，合理确定调频服务价格上限。 完善备用辅助服务交易和价格机制，规范备用市场交易机制，合理确定备用服务价格上限。 规范辅助服务价格传导，合理确定辅助服务需求，健全辅助服务费用传导机制，规范辅助服务费用结算。 强化政策配套，推动各类经营主体公平参与辅助服务市场，加强辅助服务市场与中长期市场、现货市场等统筹衔接，健全辅助服务价格管理工作机制，加强市场监测和监督检查。
2024.06	国家发展改革委、市场监管总局《关于规范电动自行车充电收费行为的通知》	充电费用实行价费分离、严格明码标价，严格落实有关电价政策，充电服务费实行市场调节，推动降低充电服务费，推动充电设施由电网直接供电，依法加强监管。
2025.01	国家发展改革委、国家能源局《关于深化新能源上网电价市场化改革 促进新能源高质量发展的通知》	推动新能源上网电价全面由市场形成，推动新能源上网电量参与市场交易，完善现货市场交易和价格机制，健全中长期市场交易和价格机制。 建立健全支持新能源高质量发展的制度机制，建立新能源可持续发展价格结算机制，新能源可持续发展价格结算机制的电量规模、机制电价和执行期限，新能源可持续发展价格结算机制的结算方式，新能源可持续发展价格结算机制的退出规则。

来源：根据公开资料整理

8.1.3　绿电绿证交易体系建设进展

1. 我国绿电绿证交易市场正从量的扩张转向质的提升

随着国家绿电绿证顶层设计文件相继出台（详见附表），绿色电力的环境价值日益凸显，我国绿电绿证交易规模显著增长：2024 年，全国各电力交易中心累计完成绿电交易电量 2336 亿千瓦时，同比增长 235.2%；全国交易绿证 4.46 亿个，其中随绿电交易绿证 1.69 亿个，单独交易绿证 2.77 亿个（对应电量 2770 亿千瓦时，同比增长 661.6%）。通过持续优化市场化交易机制，我国绿电绿证市场在交易价格引导、时间尺度优化、空间尺度完善及交易品类创新等方面取得显著进展，有效促进了绿电绿证在全国范围内的合理流通和优化配置，更好满足市场主体对绿色电力供给与价格的需求。

2. 我国建立绿证全生命周期管理体系

目前，我国正在加速构建涵盖核发、交易、划转、认证、核销等全环节的统一绿证体系。随着2024年6月30日国家绿证核发交易系统的正式启用，我国在系统技术架构和数据管理能力方面实现重要突破，实现了更广泛的市场覆盖、更高效的核发流程、更多元的市场参与者以及更规范的交易监管。

3. 全社会绿色电力消费意愿显著增强

随着社会各界对绿色电力消费认知度不断提高，市场主体对获取绿色环境权益的需求持续增长，绿电绿证的应用领域不断扩大，且得到了各地方政策的有力支持。2024年以来，广东、内蒙古、山西、陕西等地相继将可再生能源电力消纳责任权重分解至重点用能单位，并明确以绿证作为主要核算依据；山西、宁夏、内蒙古、福建和广东等地积极推动企业采购绿电绿证实现绿色电力消费替代；上海、湖北、北京、深圳和天津等试点碳市场明确了绿电核减碳排放的具体核算方法；吉林、山西等地制定相关政策促进绿电就地消纳，推动区域经济可持续发展；内蒙古出台《内蒙古自治区绿电消费自愿认定管理暂行办法》，推动自治区绿电消费认定工作率先制度化、规范化。此外，众多大型活动主办方、公共机构及个人用户也积极参与绿电绿证采购，践行绿色消费理念。

2024年以来国家绿电绿证相关政策汇总表

时间	政策	主要相关内容
2024年1月27日	国家发展改革委、国家统计局和国家能源局《关于加强绿色电力证书与节能降碳政策衔接促进非化石能源消费的通知》（发改环资〔2024〕113号）	要求将绿证交易电量纳入节能评价考核指标进行核算，加快建立高耗能企业可再生能源强制消费机制，合理提高消费比例要求
2024年2月23日	国家发展改革委、国家能源局《关于内蒙古电力市场绿色电力交易试点方案的复函》（发改办体改〔2024〕82号）	内蒙古成为继国家电网、南方电网之后国家批复同意的第三个绿电交易试点
2024年5月23日	国务院《2024—2025年节能降碳行动方案》（国发〔2024〕12号）	提出实行重点用能单位化石能源消费预算管理，超出预算部分通过购买绿电绿证进行抵销
2024年7月3日	国家发展改革委等四部门《数据中心绿色低碳发展专项行动计划》（发改环资〔2024〕970号）	鼓励数据中心通过参与绿电绿证交易等方式提高可再生能源利用率，到2025年底，国家枢纽节点新建数据中心绿电占比超过80%
2024年7月10日	国家发展改革委、国家能源局《关于2024年可再生能源电力消纳责任权重及有关事项的通知》（发改办能源〔2024〕598号）	新设电解铝行业绿色电力消费比例目标，规定完成情况以绿证核算

续表

时间	政策	主要相关内容
2024 年 7 月 24 日	国家发展改革委、国家能源局《电力中长期交易基本规则—绿色电力交易专章》（发改能源〔2024〕1123 号）	明确绿电交易主体范围，统一绿电交易管理、组织形式和交易方式
2024 年 8 月 26 日	国家能源局《可再生能源绿色电力证书核发和交易规则》（国能发新能规〔2024〕67 号）	对我国绿证的核发、交易、划转、核销的全生命周期流程进行了规范
2024 年 9 月 11 日	国家能源局、生态环境部《关于做好可再生能源绿色电力证书与自愿减排市场衔接工作的通知》（国能综通新能〔2024〕124 号）	规定了避免可再生能源发电项目从绿证和 CCER 重复获益的具体操作方式，并设置两年过渡期
2024 年 10 月 18 日	国家发展改革委等六部门《国家发展改革委等部门关于大力实施可再生能源替代行动的指导意见》（发改能源〔2024〕1537 号）	支持发展绿电直供、开展绿证绿电交易和“绿电园区”建设，提高“东数西算”等战略工程中的新能源电力消费占比
2024 年 11 月 28 日	国家能源局《国家能源局关于支持电力领域新型经营主体创新发展的指导意见》（国能发法改〔2024〕93 号）	支持新型经营主体创新发展，探索建立通过新能源直连增加企业绿电供给的机制
2025 年 1 月 27 日	国家发展改革委、国家能源局《关于深化新能源上网电价市场化改革 促进新能源高质量发展的通知》（发改价格〔2025〕136 号）	强化改革与绿证政策协同，纳入可持续发展价格结算机制的电量，不重复获得绿证收益
2025 年 2 月 27 日	国家能源局《2025 年能源工作指导意见》（国能发规划〔2025〕16 号）	提出研究制定绿电直连政策措施，落实绿色电力消费促进机制，压实电力用户绿电消纳责任
2025 年 3 月 6 日	国家发展改革委等五部门《关于促进可再生能源绿色电力证书市场高质量发展的意见》（发改能源〔2025〕262 号）	以构建强制消费与自愿消费相结合的绿证消费机制为核心，在提出 2027 年、2030 年绿证市场建设目标基础上，从市场供给、消费需求、交易机制、应用场景、绿证走出去等方面提出了十七条可操作可落地的相关措施

8.2
重点领域改革展望

8.2.1 电力市场建设展望

面对电力市场发展的新形势、新要求，下一步要总结好的经验做法，进一步研究解决关键问题，创新探索适合我国国情的统一电力市场模式，重点要做好以下几个方面工作。

1. 完善电力市场顶层设计和规则体系

制定建立健全全国统一电力市场体系的实施意见，提出未来 5—10 年全国统一电力市场建设的重点任务及建设路径。制定电力辅助服务基本规则，修订售电公司管理办法、电力中长期、现货交易基本规则，优化现货市场基本规则，持续完善基本规则体系。

2. 完善多层次多品类有效衔接电力市场架构

推动国网、南网、蒙西电网跨经营区常态化交易机制，实现电力资源在全国范围内的优化配置。推进南方区域市场尽快转入连续结算试运行，完善长三角省市间协同互济交易机制，稳妥推进京津冀电力市场建设，更好发挥互济功能。充分发挥省级电力市场在提升用能效率、支撑产业发展、保障公共服务、服务低碳转型等方面的基础保障作用，推动各省现货市场连续结算运行，分批推动具备条件的现货市场转入正式运行。推进各层次市场协同运行、逐步融合，推动调频、备用等辅助服务品种与现货市场联合出清，促进各市场间在组织时序、交易品种、价格机制等方面有机协同。

3. 完善各类经营主体平等参与的市场机制

指导地方出台新能源上网电价市场化改革文件的具体实施方案，持续推动新能源更好参与市场，合理保障新能源收益，明确发展预期，分步骤有节奏推动燃气、热电联产、水电、核电等参与市场。建立健全适应新型储能、虚拟电厂、负荷聚合商等灵活性资源参与的市场机制，推动新型主体参与市场。结合“沙戈荒”新能源基地项目建设和调用模式，深化新能源基地参与市场的交易机制研究，支持新能源大基地签订多年期购售电协议，统筹促进就地消纳和外送利用。

4. 完善公平统一的电力市场监管体系

持续开展地方不当干预专项整治，以更大力度破除地方保护和省间壁垒。建立健全电力市场全过程监管体系，加强市场运行的监测和风险预警，规范市场运行，维护市场秩序。及时发现和纠正经营主体违反市场交易规则、实施串通报价等问题，加大违法违规行为处罚力度。创新监管方式，推动监管“线上＋线下”相结合，深化数字化、穿透式监管，实现对自然垄断环节和竞争环节违规行为常态化监测。构建电力市场评价体系，加强电力市场各地间的横向对比和历年进展的纵向分析，定期发布各地电力市场建设运行评价情况，持续促进各地市场建设统一规范。

8.2.2 电价改革展望

1. 稳步推进新能源上网电价市场化改革政策落地

《关于深化新能源上网电价市场化改革 促进新能源高质量发展的通知》（发改价格〔2025〕136号）的出台深刻改变了新能源发电收益模式，将推动加快重塑未来电力格局。政策出台后，各地需做好改革政策的落地实施工作，尽快出台细化实施方案，完善市场交易体系，健全配套保障措施，强化电网协同支撑，落实好新能源可持续发展价格结算机制。特别是要科学开展新能源增量项目竞价，确保新能源平稳有序参与市场、获得合理收益，实现新能源行业市场化高质量发展。

2. 加快完善调节性资源容量电价机制

发改价格〔2025〕136号文件出台后，推动新能源上网电量全部进入市场，同时进一步放宽现货市场限价，形成更加科学完整的分时分区价格信号。在此背景下，一方面，要落实好《关于建立煤电容量电价机制的通知》（发改价格〔2023〕1501号），2026年起将回收比例由现行的多数地方30%左右（约每年每千瓦100元）提升至各地不低于50%（每年每千瓦165元），更好发挥容量电价机制对于支持煤电机组回收固定成本、促进煤电功能转型的作用。另一方面，需加快建立覆盖电源侧各类型灵活调节性资源的容量电价机制或建立容量市场，根据不同类型调节性资源的真实系统价值，给予科学的容量成本补偿，激励各类型调节性资源更加积极主动参与系统调节，促进调节性资源发展，有效保障电力系统发电容量充裕度。

3. 研究完善支持新能源就近消纳的电价机制

近年来，源网荷储一体化、绿电直连、分布式新能源就近交易等新模式新业态加快发展应用，应推动建立支持新能源就近消纳的电价机制，在科学反映主干电网对新能源发电提供备用调节服务价值基础上，进一步理顺电网输配电价结构、优化输配电价形式、提升输配电价灵活性，推动相关各方公平承担系统责任，促进新模式、新业态健康可持续发展。

8.2.3 绿电绿证交易发展展望

1. 我国将全面强化绿证全生命周期管理体系

我国已明确到 2027 年绿证市场交易制度基本完善、2030 年绿证市场制度体系进一步健全的发展目标。为此，我国将进一步加强绿证全生命周期管理体系建设，重点推进绿证核发全覆盖落地、出台绿证核销实施细则、推动绿色电力消费精准溯源及构建绿色电力消费核算与认证标准体系。

2. 绿电绿证应用场景持续拓展

国家绿电绿证交易机制的持续完善与优化，以及强制消费与自愿消费相结合的绿色电力消费机制的健全，为绿电绿证在国内外的应用奠定了基础。加强绿电绿证与可再生能源电力消纳责任权重、碳排放双控、重点行业企业碳排放核算和重点产品碳足迹核算等机制的衔接；绿证将进一步发挥其作为可再生能源生产和消费认证的基础凭证作用，在绿电直连直供、源网荷储一体化、虚拟电厂等新模式新业态中释放应用潜力，同时强化与金融财政及信用评级的协同效应；稳步推动绿证应用走出去，持续提升其全球影响力。

3. 绿电绿证交易日趋精细化

随着新能源全面入市政策进一步明确，电力市场化改革正在重构全产业链运营逻辑。我国绿电绿证交易市场将面临更多变量，短期内市场价格波动性将增强。为应对这一趋势，市场主体需要尽快提升其绿电绿证交易策略。发电方与用电方都要加强精细化管理，制定灵活多元的绿电销售与采购策略，以应对市场价格波动和规则迭代等不确定性。

9　政策解读

Policy Interpretation

9.1 《加快构建新型电力系统行动方案（2024—2027 年）》解读

2024 年 7 月 25 日，国家发展改革委、国家能源局、国家数据局联合印发《加快构建新型电力系统行动方案（2024—2027 年）》（以下简称《行动方案》），围绕规划建设新型能源体系、加快构建新型电力系统的总目标，聚焦近期新型电力系统建设亟待突破的关键领域，选取典型性、代表性的方向开展探索，对加快推进新型电力系统建设具有重要意义。

一、增强系统稳定性和保供能力

我国未来 5~10 年预计年均新增用电量将维持在 5000 亿千瓦时左右，“增量达峰”是我国电力行业碳达峰的核心特征。未来，新增电量需求将主要由清洁能源发电满足，其中新能源是主力。新能源大规模高比例接入带来的频率、电压稳定及电力保供等问题，需要依靠新型电力系统解决。

以专项行动引领技术、机制、模式创新，是新型电力系统 2035 年基本建成的关键举措。新型电力系统建设是一项长期性、系统性工程，不同发展阶段面临的问题各不相同。为推动新型电力系统“小步快跑”取得阶段性成果，亟须立足当前发展阶段，以系统思维统筹各领域各环节，提出现阶段重点任务，在源网荷储协同发展、调用及市场机制等方面取得突破。《行动方案》在充分考虑技术发展水平的基础上，提出 2024—2027 年重点开展的 9 项专项行动，做好先行先试，以“小切口”解决“大问题”。

加快构建新型电力系统，要统筹发展和安全，加快新能源对传统电源的安全可靠替代，推动煤电转型升级，夯实保供基础、促进绿色发展。

推动新能源安全可靠替代，是突破“不可能三角”的核心抓手。实现碳达峰需要绿电、保供需要安全、发展需要经济，“不可能三角”是新型电力系统的重大挑战，突破“不可能”三角，必须要加快推动新能源安全可靠替代。当前新能源主要发挥电量替代功能，2024 年我国新增用电量的 86% 由新能源提供。而目前新能源参与电力平衡的容量极小。《行动方案》结合“新能源 + 储能”一体化发展模式，积极探索新能源安全可靠替代实现路径。通过应用高精度长时间尺度功率预测、新能源主动支撑、风光储协同调度等技术，打造一批系统友好型新能源电站，实现电站按曲线一体化调用，将新能源置信出力提升至 10% 以上。在电力供应紧张的地区，推广应用系统友好型新能源电站模式，可有效提升电力供应保障能力。

新能源与数据中心、工业园区等融合发展，有助于新能源就地消纳利用。7 月，国家发展改革委等四部门发布的《数据中心绿色低碳发展专项行动计划》提出，引导新建数据中心与可再生能源发电等协同布局，到 2025 年年底，算力电力双向协同机制初步形成。《行动方案》进一步明确，统筹数据中心发展需求和新能源资源禀赋，实施一批算力与电力协同项目。充分利用数据中心负荷调节能力，与新能源出力协同优化，提升算力与电力协同运行水平，提高数据中心绿电占比，降低电网保障容量需求。

随着新能源逐步实现电量、电力和安全稳定替代，煤电定位将转变为基础保障与系统调节并重，对机组灵活性提出了更高要求。《行动方案》提出新一代煤电发展路径，以清洁低碳、高效调节、快速变负荷、启停调峰为主线，推动深度调峰、快速爬坡等能力进一步提升，保障电力供应、促进新能源消纳。在燃料端、运行端、排放端持续发力，应用零碳或低碳燃料掺烧、碳捕集利用与封存等技术，促进煤电碳排放水平大幅下降。

二、全面提升电力系统调节能力

我国新能源已进入跨越式增长的新阶段，消纳压力持续增加，亟须以保障新能源合理消纳利用为目标，确定调节能力需求，推动源网荷储四端统筹优化。

在电源侧，充分发挥常规电源的灵活调节作用、提升新能源调节能力。煤电方面，灵活性改造是现阶段最具经济性的系统调节手段之一，对存量煤电机组，灵活性改造需实现应改尽改，并加强对实际调用效果的评估和优化改进。新能源方面，充分发挥系统友好型新能源电站配套储能的灵活调节作用，可显著改善电站整体调节性能；同时，《行动方案》提出，推进构网型技术应用，从设备层面进一步提升新能源主动支撑调节性能，缓解常规电源调节压力。

在电网侧，进一步提升电网平台资源配置能力。未来，电网发展格局将呈现大电网与分布式兼容并举的特征。大电网层面，沙戈荒大型风光电基地、西南水风光及海上风电基地化开发，需要大规模外送消纳新能源。《行动方案》提出依托先进的发电、调节、控制技术，开展新型交直流输电技术应用，实现高比例或纯新能源外送，提升跨省区资源优化配置能力。配电网层面，分布式新能源等新型主体的可观、可测、可调、可控水平有待提升，配套电网调度方式、机制和管理需要优化调整，通过探索主配微网协同的新型有源配电网调度模式，有助于提升配电网就地平衡能力。

在负荷侧，着力调动需求侧各类灵活调节资源。近年来，极寒、高温等极端天气频发，我国用电负荷屡创新高，电力可靠供应面临较大压力。需求侧响应是缓解供需紧张形势的经济高效手段之一，《行动方案》在典型地区实施高比例需求侧响应试点，提出响应能力应达到最大用电负荷的 10% 左右。同时，为发挥好电动汽车充电设施等新业态、新模式的灵活调节作用，《行动方案》提出全面推广智能有序充电，开展车、桩、站、网融合互动探索，加强电动汽车与电网融合互动；利用源网荷储资源建设一批虚拟电厂，提升电力保供和新能源就地消纳能力。

在储能侧，因地制宜推动共享储能科学布局。目前，在全国范围内，新能源场站内配建储能与共享储能规模基本相当，但从调用效果来看，共享储能可从系统层面最大化发挥灵活调节作用。《行动方案》提出，在新能源短期内快速发展的地区，基于调节能力需求分析，布局一批共享储能电站，并结合不同应用场景探索多种技术路线，满足爬坡速率、容量、长时间尺度调节及经济性、安全性的需求，提升系统层面的电力保供和新能源消纳能力。与此同时，需要优化完善配套调用和市场化运行机制，结合所在地区新能源发电特性和负荷特性，在供应保障紧张或新能源大发的调峰紧张时段实现共享储能充分调用，提高利用效率。

近期，在国家能源主管部门的指导下，电力规划设计总院加强新型电力系统研究，支撑编制发布《新型电力系统发展蓝皮书》，配合起草《行动方案》等政策文件。下一步，该院将持续推进高端智库建设，发挥好决策咨询作用，全力支撑《行动方案》专项行动落实落地，为实质性推动新型电力系统建设贡献力量。

9.2

《新一代煤电升级专项行动实施方案（2025—2027 年）》解读

2025 年 3 月 26 日，国家发展改革委、国家能源局联合印发《新一代煤电升级专项行动实施方案（2025—2027 年）》（发改能源〔2025〕363 号），系统部署开展新一代煤电升级专项行动，着力全面纵深推进煤电转型升级，筑牢煤电兜底保障功能，对于煤电产业发展和新型电力系统构建具有重大意义和深远影响。

一、方案前瞻谋划煤电发展方向

长期以来，煤电在我国电力系统中发挥着基础性电源作用，装机容量与发电总量占主体地位，其动态调节能力契合“源荷互动”的电力系统运行机制，技术演进始终聚焦能效提升、减排控制与成本效益优化。

“十四五”以来，新型电力系统建设加速推进，电源侧低碳化转型取得实质性突破，以风光为主体的新能源装机规模呈现爆发式增长。2024 年新能源装机占比首度超过煤电与气电总和，“十五五”末预期突破火电规模的 1.5 倍，“十六五”至碳中和将形成绝对主导格局。新型电源架构下，负荷需求与新能源发电的双随机波动耦合特性，对系统调节容量、响应速度与调节精度提出更严格的要求，也对煤电响应系统需求的能效提出了更高要求。同时，面对迫在眉睫的碳达峰刚性目标，煤电行业还亟须破解碳排放约束与碳中和目标适配的结构性难题。

为此，国家发展改革委、国家能源局前瞻性谋划新一代煤电战略布局，在“三改联动”（灵活性 / 节能 / 供热改造）基础上深化拓展，进一步提升煤电清洁降碳、安全可靠、高效调节、智能运行水平，为煤电深度适配新型电力系统建设、强化兜底保障功能、化解碳排放约束指明了发展方向。

二、方案科学构建煤电指标体系

方案聚焦清洁降碳、安全可靠、高效调节、智能运行四个维度，系统性地构建了覆盖现役、新建和示范机组的煤电技术指标体系，大部分指标为首度纳入产业政策框架或设定，标准严于现行要求。为确保指标取值的科学审慎，前期开展了系统化研究论证，组织了多轮次深入的全行业专家研讨与意见征询。基于此，最终确定的指标要求既彰显了前瞻性的战略导向，又充分考量了技术层面的可操作性及经济层面的成本效益平衡。

高效调节方面，方案确立了供电煤耗、低负荷煤耗攀升幅度、深度调峰最小出力、负荷变化速率、一次调频响应、启停调峰能力等 6 项指标要求，其中低负荷煤耗攀升幅度、负荷变化速率、一次调频响应、启停调峰能力等指标属行业政策首次明确提出，深度调峰最小出力则在“三改联动”基础上进一步提高了要求。

低负荷煤耗攀升幅度用于衡量机组宽负荷运行能效水平，规定现役、新建和新一代煤电示范机组在纯凝工况下 30% 负荷时的煤耗相比额定负荷煤耗的增幅分别不高于 25%、20%、15%。行业统计数据显示，当前现役煤电机组 30% 负荷相比额定负荷的供电煤耗增幅一般处于 25%~35% 区间，当前 25% 的设定值既对标行业先进水平，也具备技术可行性。基于主机制造企业的技术论证，新建及示范机组达到更优水平具备技术可行性。对于特殊类型的现役和新建机组，方案针对煤质特性、炉型特征、冷却方式、海拔环境等提出了差异化要求。

负荷变化速率的设定，充分考虑了现状技术能力，避免大幅提高标准造成运行安全风险。总体上，现役及新建机组指标对标行业标杆体现高目标导向，示范机组则设定超前指标发挥示范探索作用。针对机组高 / 低负荷下变负荷能力的客观差异，方案对高 / 低负荷区（50% 及以上、30%~50%）的负荷变化速率实施分区要求，同时也针对煤质特性、炉型特征等提出了差异化要求。

随着新能源渗透率提升，电力系统对煤电机组一次调频的技术需求日益迫切，但新能源大发对系统调频需求大增的同时，也造成煤电机组负荷大降致使一次调频能力显著下降。鉴于低负荷下机组一次调频能力下降与系统调频需求增长的结构性矛盾，方案鼓励通过自身调节或辅助调节方式提升机组一次调频能力，考虑到当前成熟、经济的技术措施有限，暂未明确具体指标提升的量化要求。煤电启停调峰需求在部分区域逐渐显现，考虑到技术积累、实践经验有限，以及启停调峰运行已暴露的安全隐患，方案采取了差异化策略：鼓励现役、新建机组通过实施适应性改造、针对性设计制造等措施具备安全可靠启停调峰能力，新一代煤电示范机组需具备安全可靠启停调峰能力。

清洁降碳方面，方案系统性明确了碳减排的差异化实施标准。鉴于机组服役状态及区域资源条件的差异性，方案未强制要求所有现役和新建机组实施低碳化改造或建设。然而，考虑到 2030 年碳达峰后向碳中和过渡的时效性约束，方案提出积极推进现役机组实施低碳化改造，鼓励具备条件的新建机组同步实施低碳化建设，并要求新建机组研究预留低碳化改造条件。对于示范项目，方案则明确了量化指标要求：采用碳减排措施后，度电碳排放强度需较 2024 年同类型机组降低 10%～20%，同时鼓励示范项目实现更显著的碳减排效果。

安全可靠始终是煤电机组转型升级的基本前提，方案设置了保供期申报出力达标率、保供期非计划停运次数 2 项安全可靠评价指标，旨在引导煤电机组在安全可靠运行与其他性能提升之间取得合理平衡。鉴于保供期电力供需矛盾加剧、系统安全运行压力增大，2 项指标都明确限定为“保供期”数据，促使机组在关键时段优化运维机制和管理措施，切实保障运行安全，提升机组可用性。需要指出的是，鉴于非计划停运次数具有统计离散性较高的特性，该指标采用机组在 1 个大修周期内的统计平均值，且运行消缺阶段（投产运行后前 3 年）数据不纳入统计。此外，非计划停运次数指标不适用于 CFB、W 火焰炉、风扇磨机组。

智能运行方面，方案提出了智能控制、智能运维、智能决策等 3 项专项指标。智能控制指标着重要求煤电机组在频繁执行深度调峰、快速变负荷等特殊工况下，需强化负荷调节自动化性能，提升运行精准性和安全性，同步降低人工干预次数；智能运维指标着重强调提升机组运行智能化水平，强化运行安全监测、风险预警防控、全寿期寿命管理等能力；智能决策指标着重强调采用智能化手段，提升机组在市场化运行中的科学决策能力。

三、方案合理把控煤电升级进程

新一代煤电升级将成为今后我国煤电转型发展的核心战略，但推进时序需统筹考量系统需求、技术成熟度、成本效益、项目条件和企业经营状况等多维度因素。针对地区之间、存量与增量之间的差异性，方案合理把控了新一代煤电升级节奏。

方案明确各省因地制宜制定煤电转型升级专项行动工作方案，自主把握本地区煤电转型升级节奏，赋予地方充分决策自主权。鉴于各省“三改联动”的实施成效存在差异，电力供需格局、机组实际状况及企业盈利水平等差异明显，方案要求省级能源主管部门实施精准施策，科学规划本地区现役机组改造、新建机组建设和示范工程推进的时序、范围与目标，构建新一代煤电示范项目储备库并滚动更新。为确保政策精准落地，国家能源局将组织对各省方案进行评估把关，指导煤电转型升级工作有序推进。

方案对三类机组实施分类施策：现役机组改造受既有主机装备、辅机设备性能及工艺路线制约，技改空间及性能提升潜力存在局限性，方案采取鼓励性政策导向，不作强制性要求；新建机组依托成熟技术积累，具备通过技术迭代实现性能向上突破的可行性，方案鼓励达到新的指标要求；示范机组以超前探索为目标，需体现技术先进性和行业引领价值，方案明确要求应达到更加领先的示范性技术指标。

四、方案系统汇聚煤电产业动能

新一代煤电技术是对煤电产业的重大升级，需产学研用协同创新生态支撑，并在标准体系构建、系统性政策支持等方面统筹布局。

方案强调了发电企业的创新主体作用，需积极主动推进现役机组改造升级、新建机组性能提升与新一代煤电工程示范，以工程载体驱动基础理论创新与核心装备攻关。装备制造企业需锚定新一代煤电发展需求，强化重大核心技术和装备攻关，定向突破技术瓶颈，夯实新一代煤电装备供应基础。高校及科研机构需加强新一代煤电技术基础性研究，深化深度调峰能力提升、低碳化改造建设技术研究，集中攻关一批具有产业化潜力的新材料、新技术、新装备。

方案提出了系统性的政策保障体系。通过“两新”、基础设施领域不动产投资信托基金（REITs）等方式，对煤电转型升级提供资金支持；加大新一代煤电规划建设支持力度，在国家煤电总量控制框架内对新一代煤电示范工程所需建设规模予以优先安排；支持现役机组改造、新建机组和示范机组与新能源实施联营，鼓励联营新能源项目优先并网；鼓励完善电力现货市场、辅助服务市场和煤电容量电价机制。政策组合全面实施后，预期将有力提升煤电行业在新型电力系统中的价值体现，为推动新一代煤电转型升级注入持久动力。

9.3
《电力系统调节能力优化专项行动实施方案（2025—2027年）》解读

2024年12月20日，国家发展改革委、国家能源局结合《加快构建新型电力系统行动方案（2024—2027年）》（以下简称《行动方案》）《关于加强电网调峰储能和智能化调度能力建设的指导意见》有关要求，印发《电力系统调节能力优化专项行动实施方案（2025—2027年）》（以下简称《实施方案》），明确提出各省（区、市）能源主管部门编制本地区调节能力建设方案。科学规划配置调节能力资源，对于推动新能源合理消纳利用和高质量发展、支撑新型电力系统构建具有重要意义。

一、调节能力建设方案是能源电力发展规划的重要组成部分

新形势下，加强调节能力规划意义重大。国家能源局《关于进一步加强和完善电力规划管理工作的指导意见》强调，全国电力规划应包括系统调节能力建设等内容，省级电力规划重点细化本地系统调节能力建设任务，要综合考虑新能源规模和布局、新能源渗透率和合理利用率、技术经济性等因素，统筹确定各类调节资源规模和布局。

新能源大规模集中并网消纳压力增加，系统调节能力建设亟须加强。“十四五”以来，新型电力系统加快构建，电力行业绿色低碳转型步伐加快，新能源发展较“十三五”时期进一步提速。2024年，全国新能源累计装机约14亿千瓦，其中“十四五”新增约8.7亿千瓦，约占新能源目前装机的62%。从出力特性来看，新能源发电具有随机性、间歇性、波动性的特征，大规模集中并网导致系统供需平衡和安全稳定运行压力增加，对运行灵活性提出更高要求。

受新能源“跨越式”发展影响，2024年全国新能源利用率同比下降1个百分点左右，辽宁、黑龙江、甘肃、新疆等“三北”省份弃风弃光现象反弹明显，广西、云南等南方省份开始出现新能源弃

电。为支撑碳达峰目标实现，当前至 2030 年是新型电力系统构建的关键期，“十五五”期间新能源仍将保持高速增长态势，年均新增规模预计约 2 亿千瓦。为满足电力绿色低碳转型需求，保障新能源合理消纳利用，系统运行灵活性提升成为亟待解决的关键问题。

实现新能源合理消纳利用，亟须推动源网荷储调节资源科学规划。“十四五”时期，国家能源局等部门出台《全国煤电机组改造升级实施方案》《抽水蓄能中长期发展规划（2021—2035 年）》《“十四五”新型储能发展实施方案》等专项规划方案，分别提出源网荷储各侧调节资源建设目标。《实施方案》在此基础上进一步加强顶层设计，按照电力系统统一规划的基本原则，将调节能力作为重要组成部分纳入新型电力系统规划，并强调提升调节能力规划的科学性，统一调节能力建设方案编制大纲，因地制宜推动源网荷储各环节调节资源形成优化组合。

近年来，我国新能源利用率始终保持 95% 以上的较高水平，有效促进了新能源和调节资源整体协同发展。随着新能源大规模发展和系统存量调节能力的基本挖潜，部分地区若保持较高的新能源利用率，需要建设大量的新型储能等调节资源，经济代价较大，将推高全社会用电成本。国家能源局《关于做好新能源消纳工作 保障新能源高质量发展的通知》等文件已提出，科学优化新能源利用率目标。《实施方案》以新能源合理消纳利用为导向，强调充分统筹新能源发展规模、技术经济性及电力市场运行等因素，科学确定调节能力需求，对经济高效的新型电力系统构建意义重大。

二、调节能力提升的核心是源网荷储四端统筹优化

当前，部分地区新能源发展与调节资源配置不匹配，存在调节能力滞后于新能源发展、调节资源布局与新能源错位等情况，不同类型调节资源的规模布局也缺乏统筹考虑。亟须结合新能源增长规模和利用率目标，加强源网荷储各侧调节资源统筹规划，科学确定规模布局，实现新能源合理消纳利用。

一是着力优化火电调节能力。从近期来看，煤电作为传统基础保障性电源仍将发挥重要作用，为系统提供充足的惯量、电压支撑和电力电量保障。随着新能源电量、电力和安全稳定替代能力提升，煤电定位将转变为基础保障与系统调节并重，对机组灵活性提出更高要求。《实施方案》提出，2027 年实现存量煤电机组“应改尽改”，探索煤电机组深度调峰，最小技术出力达到新一代煤电升级有关指标要求，并确保煤耗不大幅增加，并鼓励煤电配置调频储能。

二是提升新能源主动调节能力。2024 年我国新增用电量的 86% 由新能源提供，新能源已部分实现对传统电源的电量替代。但目前新能源参与电力平衡的容量较小，尚不具备提供规模化电力替代

和安全稳定替代能力。系统友好型新能源电站基于长尺度高精度功率预测、风光储智慧联合调控运行等技术手段应用，通过一体化调度运行，可切实提升电站可靠出力水平和调节能力。《实施方案》结合《行动方案》中新能源系统友好性能提升行动有关要求，提出积极布局系统友好型新能源电站建设，充分发挥新能源主动调节能力。

三是大力提升电网资源配置能力。从全国范围来看，区域间、省间新能源出力曲线、负荷曲线、调节资源类型存在互补特性，抽水蓄能等大型调节资源规划时，也以服务区域电力系统需求为目标。充分发挥电网大范围资源优化配置作用，有助于从全局角度统筹优化各地调节资源，通过调节能力互济提升系统运行经济高效性。目前，部分地区网架结构相对薄弱，省间联络线输电容量有限，省间互济存在功率瓶颈。不同省份电价水平、经济发展对电力的依赖程度等各不相同，辅助服务补偿费用等合理分摊协调困难，同时，省间电力交易规则尚不完善，交易机制有待健全，影响了省间互济。《实施方案》提出充分考虑区域间、省间电力供需互补情况，合理提出区域间、省间调节资源优化配置方案，通过加强网架、优化运行方式、健全跨省跨区市场机制等措施，实现各类调节资源共享调配。

四是加快电网侧共享储能建设。电网侧共享储能和系统友好型新能源电站侧配建储能，是新型电力系统中新型储能发展的两大重要模式。目前，全国已建成投运新型储能规模超过6000万千瓦，其中一半约为电网侧共享储能。共享储能布局在系统关键节点，可发挥调峰功能促进新能源消纳，发挥顶峰供电功能支撑电力保供，提供频率和电压支撑、保障电网安全稳定运行，具备系统性、全局性优势，规模化效应和经济效益显著。《行动方案》在电力系统调节能力优化行动中，重点强调建设一批共享储能电站，提升系统层面的电力保供和新能源消纳能力。《实施方案》针对新能源配建储能利用率相对偏低的问题，进一步推动共享储能电站建设，提出推动具备条件的存量新能源配建储能实施改造并由电力调度机构统一调度运行，或建设一批调度机构统一调度的新型储能电站。同时，需要结合电力系统不同应用场景，优化新型储能技术路线，满足爬坡速率、容量、长时间尺度调节及经济性、安全性等要求。

五是深入挖掘负荷侧资源调节潜力。“十五五”时期，我国电力负荷仍将保持刚性增长，电力负荷“增量达峰”是我国碳达峰的重要特征，尖峰负荷等问题将愈发突出。需求侧响应作为经济高效的手段之一，有助于缓解供需紧张形势、促进新能源消纳。目前，我国电力市场处于加速建设阶段，现货市场、辅助服务市场等市场体系尚需健全，需求响应资源参与市场机制有待完善。电价峰谷时段划分、价差设置的科学性有待加强，需求响应激励不足。部分地区通过负荷聚合商、虚拟电厂等形式，试点探索了空调负荷、通信基站、用户侧储能、电动汽车充电基础设施等资源聚合调用，但规模相对较小、标准规范参差不齐。

《实施方案》强调以市场化方式引导具备条件的可调节负荷参与电力运行调节。针对虚拟电厂、智能微电网等新业态新模式，明确规范化、规模化、常态化、市场化参与系统调节的方案，并健全完善负荷侧响应资源的调度运行机制和市场交易机制。

三、强化评估是调节能力建设方案落地实施的重要保障

经济性评估是调节能力建设方案评估的重要环节。对于不同调节能力配置方案，需要开展经济性对比分析，对比不同方案的成本与效益，以实现资源优化配置，提升运行效率，提高项目实际落地的科学性和可行性。全国统一电力市场建设背景下，经济性分析需要与电力市场仿真模拟深度结合，模拟电力交易出清结果，评估电价水平。《实施方案》首次提出加强经济性评估，明确调节能力建设方案要基于电力市场供需形势、市场电价水平、系统净负荷曲线等开展长周期仿真测算，评估调节能力经济性和对当地电价水平影响。

加强全国与省级层面的衔接，有助于统筹提升各类调节资源配置的经济合理性。各类调节资源定位存在差别，服务范围涵盖省、区域、跨区域等多个层级。跨省区输电通道、省间互济工程、区域级抽水蓄能电站等调节资源，需要结合不同省份资源禀赋和实际需求，从全国层面统筹优化配置，可进一步提升配置经济合理性。《实施方案》明确，全国电力规划实施监测预警中心按年度动态评估各地调节能力建设方案实施情况和发挥效果，基于各地上报方案统筹优化全国调节资源，开展全国调节能力经济性评估。

电规总院作为国家级高端咨询机构，近年来依托全国新能源消纳监测预警平台，持续开展全国新能源消纳形势监测分析工作。下一步，电规总院将持续开展做好全国及有关省份系统调节能力规划研究，支撑国家及地方系统调节能力建设方案编制，助力电力系统调节能力统筹提升。

9.4
《关于深化新能源上网电价市场化改革促进新能源高质量发展的通知》解读

习近平总书记强调，大力推动我国新能源高质量发展，为共建清洁美丽世界作出更大贡献。2025 年 1 月 27 日，国家发展改革委、国家能源局联合印发《关于深化新能源上网电价市场化改革促进新能源高质量发展的通知》(发改价格〔2025〕136 号，以下简称《通知》)，对促进新能源发电行业高质量发展、推动新型电力系统建设和能源绿色低碳转型具有重要意义。

一、回望来时路、站在新起点，推动新能源全面参与市场势在必行

自 2006 年《可再生能源法》实施以来，我国建立了风电、光伏发电等新能源发电标杆电价制度，并通过财政补贴的方式构成了“燃煤标杆电价 + 财政补贴”的固定上网电价机制及资金补贴制度，后来随着新能源技术进步和成本降低逐步退坡。“十四五”以来，风电、光伏造价较过去 10 年降低了 50%，实现平价上网。截至 2024 年 12 月底，我国风电、光伏发电装机规模历史性地超过煤电装机规模，达到了 14 亿千瓦，我国已经成为全世界可再生能源规模最大、发展速度最快的国家，风电、光伏装机量分别较 2013 年增长了 5 倍和 47 倍。可以说，过去二十年，价格、财政补贴、产业政策的合力支持，成就了我国新能源的跨越式发展，完成了新能源发电行业和装备制造业顺利度过“优育期”的历史任务，为我国能源转型、顺利实现“碳达峰、碳中和”目标增添了强大动力。

近年来，随着新能源大规模发展和电力市场加快建设，新能源参与市场的比例不断提高，2024 年全国平均超过 50%。但仍有一半左右的新能源电量执行保量保价收购方式，未通过市场化机制形成价格，不利于电力市场形成真实价格信号，不利于电力资源优化配置；同时，由于新能源发电具有随机性、波动性、间歇性，保量保价方式下其他调节性资源为新能源消纳提供的支撑调节服务难以有

效体现价值，不利于激励调节性电源积极性。恰逢“十四五”收官之年和“十五五”谋篇布局之年，在双碳转型关键期、电力市场化改革深化期、新型电力系统建设起步期“三期叠加”的大背景下，改革完善新能源发电上网电价机制，成为对新能源电价管理方式的必然要求。《通知》的出台，通过市场化方式确保新型电力系统投入产出的“高性价比”，有利于促进新能源持续健康发展，推动新型电力系统各环节协同发展，将助力决胜 2030 年前碳达峰战略目标。

二、稳预期、利长远，创新支持新能源持续健康发展的制度机制十分必要

新能源的建设成本主要是固定资产投资，稳定预期对新能源持续健康发展十分重要。从新能源富集地区新能源参与市场情况来看，受出力特性影响，新能源参与市场后收益波动较大，且随新能源规模增长有所加剧。随着新能源在电力系统中的渗透率提升，加之大规模存储尚不具备经济性，意味着发电量的不确定性也会增加。“十五五”期间我国新能源预计仍将延续快速增长态势，在放开新能源全部电量价格由市场形成背景下，传统保量保价收购支持新能源的方式已不再适用。针对新能源入市后的市场价格波动风险和投资不确定性，研究新的支持措施，对于稳定新能源预期，推动新能源高质量发展是十分必要和重要的。

此次《通知》创新建立新能源可持续发展价格结算机制，该机制类似于国际上的政府授权差价合约。对纳入机制电量，市场交易均价（类似政府授权差价合约的“基准价格”）低于或高于机制电价（类似“合约价格”）的部分，按规定开展结算。机制设计充分尊重新能源行业发展实际和现有利益格局，对存量和增量新能源发电项目精准分类施策，避免政策“一刀切”，确保支持措施的针对性和有效性。机制坚持激励约束并重，通过选取市场同类项目加权平均价格作为差价结算的基准，激励约束机制覆盖范围内新能源项目提升市场经营实效，避免出现“养懒汉”的情况。机制还具备较强灵活性，新能源发电企业可结合自身实际自主选择退出机制，通过优化市场经营策略等方式，提升市场收益水平、更好实现市场化发展。需特别指出，该机制仅在最终结算环节进行价格补偿回收，不会干预或影响前端电力市场交易，以最大程度促进市场价格有效形成。此次创新建立的新能源可持续发展价格结算机制，给相关经营主体吃下“定心丸”，必将坚定行业发展信心，续写行业高质量发展新篇章。

三、筑市场、优规则，加快推进电力市场建设水到渠成

科学有效的电力市场是更好发挥市场作用的基础。近年来，各地积极探索推进电力市场建设，取得了显著成效，但新能源的大规模发展，给市场建设带来了更多需要考虑的因素。传统电力市场中主要以煤电电量为交易标的，新能源的加入使得电力市场交易进一步扩围，为电力市场建设发展提供了更多可能性；但新能源发电出力具有随机性、间歇性、波动性的特点，且拥有绿色价值属性，需要电力市场建设与新能源发展相向而行、相辅相成，才能适应能源转型需要。现货市场方面，部分地区现货市场尚未连续运行，难以反映出短时快速变化的电力供需形势，新能源等价格信号还未准确有效体现；目前部分地区强制新能源参与日前市场，但由于新能源通常预测不准，往往因为产生的偏差影响收益；新能源增多后现货市场的价格上下限规则也需要及时调整完善，以更好发挥现货市场作用。中长期市场方面，将传统电源高比例签约中长期合同的要求简单移植到新能源上，也造成经营主体参与市场不够灵活，调整市场风险的空间有限，收益受到影响。绿色价值方面，我国绿证市场尚处于起步阶段，绿电交易对绿色价值的体现方式也有待进一步优化。

《通知》坚持问题导向和目标导向，在推动新能源全面参与市场的同时，注重加强电力市场顶层设计，指导各地进一步优化完善电力市场机制规则，促进新能源公平参与市场交易。现货市场方面，指导各地加快现货市场建设，推动新能源公平参与实时市场，加快实现自愿参与日前市场，以有效应对系统运行偏差、更好实现电力供需瞬时平衡；适当放宽现货市场限价，更好引导各类灵活性资源主动参与系统调节，保障电力安全可靠供应和促进新能源消纳利用。中长期市场方面，综合施策提升新能源中长期交易灵活性。统筹推进绿电市场发展，更好发现新能源绿色环境价值。同时，还要求各地坚决纠正不当干预电力市场行为，营造良好发展环境。《通知》的出台吹响了新一轮加快推进电力市场建设的“冲锋号”，随着《通知》的落地，全国统一电力市场建设又将迈出坚实一步。

《通知》的出台正当其时、意义重大、影响深远，为推进新能源电价市场化改革、适应性完善电力市场建设等指明了方向、勾画了蓝图，是继 2023 年建立煤电容量电价机制政策之后，上网电价改革的又一座里程碑，将有效推动我国新能源行业高质量发展，助力新型电力系统构建和“双碳”目标实现。

9.5 《关于加快推进虚拟电厂发展的指导意见》解读

党的二十届三中全会提出，要健全因地制宜发展新质生产力体制机制，催生新产业、新模式、新动能，发展以高技术、高效能、高质量为特征的生产力。虚拟电厂作为电力领域新质生产力的典型代表，在电力系统中的功能定位不断明确、应用场景持续丰富，逐步成为推动构建新型电力系统、提升系统灵活调节能力的重要手段。2025 年 3 月 25 日，我国首个虚拟电厂领域专项政策文件《国家发展改革委 国家能源局关于加快推进虚拟电厂发展的指导意见》（发改能源〔2025〕357 号，以下简称《意见》）正式印发，《意见》明确了虚拟电厂的定义和功能，进一步理顺了虚拟电厂建设运行管理、接入调用机制、参与市场机制等关键问题，对于凝聚行业共识、推动实现虚拟电厂高质量发展具有重要指导意义。

一、加快发展虚拟电厂具有重要意义

（一）有利于改善电力系统运行调度模式。虚拟电厂利用“云大物移智链边”等先进信息数字技术，实时监测和分析电力系统的运行状态与需求变化，精准调控各类聚合资源运行情况，提升电网的稳定性和经济性，推动电力系统调度运行管理从单一、被动的传统模式逐步转变为协同、主动的智慧模式。

（二）有利于缓解电力供需矛盾，支撑电力安全保供。当前，电力系统面临的安全稳定运行挑战愈发严峻，极端天气或发电侧出力不足情况时有发生，系统对需求侧调节能力的开发有着迫切需求。虚拟电厂将单体容量小、分布散的需求侧资源“化零为整、聚沙成塔”，通过参与现货、辅助服务、需求响应交易等实现价值发现和传导，能够在电力供需平衡困难时实现高效率、成规模快速响应，提升电力系统安全裕度，丰富电力安全保供手段。

（三）有利于促进新能源消纳，推动能源绿色低碳转型。经过十余年的大力发展，我国风光新能源实现跨越式增长。为促进大规模新能源消纳，需要源网荷储高度协同。虚拟电厂在先进数字化技术加持下，一方面可以挖掘负荷侧的调节能力，助力大电网平衡，减少弃风、弃光现象，促进集中式新能源通过大电网实现广域高效配置；另一方面，可以引导聚合用户侧各类资源与配电网运行有机协同，提升分布式新能源就近消纳水平。

（四）有利于创新能源电力新业态，加快培育新质生产力。能源技术及其关联产业已成为促进新质生产力发展、带动我国产业升级的新增长点。虚拟电厂是跨领域跨行业融合的代表性业态，一方面，伴随着电力市场建设纵深推进，虚拟电厂充分发挥规模效应和平台作用，为海量小规模、无法独立参与电力市场的分布式电源、可调节负荷、储能等提供参与市场竞争的机会，为电力市场培育新型经营主体，为产业链上下游企业带来商业机遇；另一方面，能够促进先进能源技术与数字化技术深度融合，加快电力系统数字化转型进程，推动相关产业的技术进步和创新发展。

二、我国虚拟电厂发展仍面临多重制约

（一）虚拟电厂定义尚未达成共识。从《虚拟电厂管理规范》《虚拟电厂资源配置与评估技术规范》和《虚拟电厂第 1 部分：架构和功能要求》等标准看，国内外对于虚拟电厂的定义尚未达成统一共识，在虚拟电厂的角色定位、资源范围和运营活动等方面存在差异，虚拟电厂的定义有待进一步规范。

（二）虚拟电厂商业模式单一，参与市场机制不健全。目前我国电力现货市场、辅助服务市场的建设进展不一，特别是在现货市场非试点地区，市场结构和规则机制尚不成熟，虚拟电厂参与市场的准入条件、调度运行管理和交易机制尚不完善，进一步限制了虚拟电厂在电力市场的功能发挥，影响虚拟电厂的盈利能力和市场参与积极性。当前大多数虚拟电厂仅通过参与需求响应获取利益，虚拟电厂参与现货、辅助服务市场仍属于试点阶段，虚拟电厂商业模式较为单一。

（三）虚拟电厂安全运行水平有待提升。虚拟电厂聚合资源涉及主体众多，调节能力波动性大，受网络通信、运营能力等影响，虚拟电厂在发生系统故障、安全事件、大规模攻击以及极端情况下，其调节稳定性难以满足系统安全运行需求。此外，在虚拟电厂运行期间，数据层面可能面临表后资源数据采集的真实性、敏感信息数据泄露、被篡改以及黑客攻击等安全风险，物联网层面也可能面临恶意设备接入、异常行为监测等安全威胁。

（四）虚拟电厂标准规范制定滞后。现阶段我国虚拟电厂标准体系尚不健全，涉及平台建设、入

网检测、运行调控等部分关键环节有缺项，标准研制进度与虚拟电厂发展速度不匹配。如我国仅有《虚拟电厂资源配置与评估技术规范》和《虚拟电厂管理规范》两项虚拟电厂国家标准，《虚拟电厂技术导则》国家标准仍在起草中，暂无正式发布的行业标准。此外，部分地区还没有出台虚拟电厂建设运行管理规范，虚拟电厂在建设、接网、参与运行等方面的管理流程不清晰。

三、《意见》为新时期推动虚拟电厂高质量发展提供了清晰指引

《意见》充分考虑发展虚拟电厂的重要意义，从有效解决制约虚拟电厂发展面临的瓶颈出发，在定义内涵、商业模式、建设管理、接入调用、市场机制、安全运行、标准规范等方面进一步明确了相关要求。

（一）进一步明确虚拟电厂的定义内涵。《意见》充分考虑国内外对虚拟电厂定义认知的差异，结合我国实际情况，明确提出虚拟电厂是基于电力系统架构，运用现代信息通信、系统集成控制等技术，聚合分布式电源、可调节负荷、储能等需求侧各类分散资源的电力运行组织模式。这里的分布式电源既包括分布式光伏和分散式风电，还可以是地热能、氢能、生物质能、分布式燃气机组等其他类型的分布式电源。从《意见》给出的虚拟电厂功能定位看，虚拟电厂运营商在聚合资源的同时还要关注聚合资源的灵活调节能力，只有这样才能确保虚拟电厂发挥其重要作用。

（二）进一步明确虚拟电厂的商业模式。《意见》明确提出虚拟电厂的主要商业模式是参与电力市场交易，包括参与电力中长期市场、现货市场和辅助服务市场，还可以通过参与需求响应获得一定补偿。同时，虚拟电厂作为新业态，可以通过业务创新持续发展。为此，《意见》充分考虑虚拟电厂资源多样性和技术先进性等特征，明确提出了虚拟电厂可以开展的增值业务范围，包括提供节能服务、开展能源数据分析、开展能源解决方案设计、提供碳交易服务等，这对于虚拟电厂运营商拓宽收益渠道具有重要作用，也提供了政策依据。

（三）进一步明确虚拟电厂建设运行管理机制。《意见》提出由各省级能源主管部门牵头组织制定本地的虚拟电厂建设运行管理办法，目的就是统一省内的建设运行管理规范，为虚拟电厂项目建设、接入管理、系统调试、能力检测和上线运行等提供清晰流程指引，降低虚拟电厂的建设运行管理成本。

（四）进一步明确虚拟电厂接入调用机制。目前虚拟电厂参与电力系统运行和电力市场交易接入平台较多，且尚未达成统一共识。为此，《意见》提出虚拟电厂可根据参与业务的技术要求、电力市场建设进程及运行管理要求，按需选择接入电力调度自动化系统或新型电力负荷管理系统。对于参与

现货市场和辅助服务市场的虚拟电厂，《意见》提出虚拟电厂应接入电力调度自动化系统，这主要考虑这两类市场对于实时调度要求较高，直接与电力调度自动化系统对接可以更好保障实时调度指令的下达和执行。对于参与需求响应的虚拟电厂，考虑到需求响应主要由电力负荷管理中心组织开展，此类虚拟电厂应接入新型电力负荷管理系统。此外，从适应电力现货市场节点电价机制出发，《意见》明确了虚拟电厂聚合资源原则上应位于同一市场出清节点下，但也考虑了我国目前电力市场建设的实际情况，在过渡期和市场机制允许的情况下，可以跨节点聚合资源，这不仅有利于我国虚拟电厂在短期内迅速做大做强，还可以确保其适应未来电力市场发展需求。

（五）进一步明确虚拟电厂参与电力市场机制。《意见》重点对虚拟电厂参与电能量市场和辅助服务市场的相关机制进行了完善。在市场准入方面，《意见》提出各地要细化明确虚拟电厂参与各类电力市场的准入条件，从而更好适应本地市场建设进展和虚拟电厂发展实际情况。在参与电能量市场方面，《意见》明确提出要推动虚拟电厂以资源聚合整体参与电力中长期市场和现货市场交易，有利于虚拟电厂充分发挥整体的调节能力及协调控制功能。在参与辅助服务市场方面，部分调节资源聚合成虚拟电厂后，参与调峰等辅助服务市场的限价区间与独立参与市场的限价区间存在差异，为此《意见》提出要公平设定各类辅助服务品种申报价格上限，不应对各类主体设立不同上限，这有利于提升各类资源参与虚拟电厂聚合的积极性。

（六）进一步明确虚拟电厂提升安全运行水平的要求。考虑虚拟电厂在安全运行方面面临的困难和挑战，《意见》从内外部两个层面提出了提升虚拟电厂安全运行水平的相关要求。在参与电力系统运行方面，从做好涉网安全管理、加强网络安全防护、加强应急模拟演练、加强信息报送等方面，提出了具体举措，这有助于确保电力调度机构及时掌握虚拟电厂资源信息和运行信息，提升虚拟电厂在电网发生紧急情况时的应急响应能力。在内部运行方面，《意见》强调了虚拟电厂及各分散资源应承担相应的安全运行责任，这有助于做好与大电网的安全责任划分。同时，《意见》也提出虚拟电厂网络安全防护体系建设和数据安全管理要满足相关法律法规和政策文件的要求，这为提升虚拟电厂内部网络数据安全水平提供了依据和参考。

（七）进一步明确虚拟电厂技术创新和标准规范发展方向。在技术创新方面，《意见》明确了未来一段时期虚拟电厂关键技术的创新方向，包括资源聚合、智慧调控、安全稳定、评估检测和智能量测设备等。在标准规范方面，《意见》提出在行业急需但标准尚未覆盖的领域，可以通过技术指引等政策性文件先行规范，主要包括建设管理、并网调控和交易管理等。

9.6 《关于印发〈电力中长期交易基本规则—绿色电力交易专章〉的通知》解读

2024 年 7 月 24 日，国家发展改革委、国家能源局联合发布《关于印发〈电力中长期交易基本规则—绿色电力交易专章〉的通知》（发改能源〔2024〕1123 号，以下简称《通知》），明确了绿电交易定义、交易组织、交易方式、价格机制、合同签订与执行、交易结算及偏差处理、绿证核发划转等内容，对于完善绿电交易机制、加快建立有利于促进绿色能源生产消费的市场体系和长效机制、培育全社会绿色消费意识具有重要意义。总体来看，《通知》的核心内容可以概括为“一个明确、两个衔接、三个统一、四个规范”。

一、“一个明确”：明确绿电交易主体范围

绿电交易自 2021 年开展以来，发电侧参与主体主要为集中式风电、光伏发电项目，各方对于分布式电源、生物质发电等能否参与绿电交易普遍关注。《通知》明确绿色电力交易涵盖风电（含分散式风电和海上风电）、太阳能发电（含分布式光伏发电和光热发电）、常规水电、生物质发电、地热能发电、海洋能发电等已建档立卡的可再生能源发电项目。初期以风电、光伏发电项目为主，后续随着可再生能源绿证核发全覆盖工作持续推进、各类可再生能源绿证认可度不断增加，条件成熟后逐步纳入其他可再生能源。

二、“两个衔接”：统筹做好计划与市场、中长期与现货有效衔接

目前，跨省区可再生能源发电多以“点对网”“网对网”方式外送，通过送受电协议方式落实。省内来看，全国范围内省级电力现货市场加快推进，各地面临如何做好绿电中长期交易与现货市场衔接的问题。《通知》明确提出，鼓励各地通过绿电交易方式落实跨省跨区优先发电规模计划，满足跨省区绿色电力消费需求。此外，为进一步做好绿电中长期交易与现货市场衔接，《通知》提出具备条件的地区应开展分时段或带电力曲线的绿色电力交易；建立灵活的合同调整机制，按月或更短周期开展合同转让等交易。

三、“三个统一”：统一绿电交易管理、组织形式和交易方式

绿电交易自启动以来，在还原绿色环境价值、推动清洁低碳转型、促进绿色电力消费方面发挥着重要作用，但在实际开展过程中，各地绿电交易在交易规则、组织方式、价格机制等方面差异较大，部分省份仍未组织绿电交易或未实现常态化开市。《通知》提出，绿色电力交易是电力中长期交易的组成部分，执行电力中长期交易规则，由电力交易机构在电力交易平台按周期组织开展。组织形式方面，《通知》明确绿电交易主要包括省内和跨省区绿色电力交易，省内绿电交易由各省（区、市）电力交易中心组织开展，跨省区绿色电力交易由北京、广州、内蒙古电力交易中心组织开展。交易方式方面，《通知》提出绿电交易组织方式主要包括双边协商、挂牌交易等，可根据市场需要进一步拓展交易方式，有效拓宽了用户购买绿电渠道方式。

四、“四个规范”：规范绿电交易环境价值体现方式

与常规电力中长期交易相比，绿电交易是以绿色电力和对应绿色电力环境价值为标的物的电力交易品种，交易电力同时提供绿证。如何准确体现绿色电力的环境价值，成为绿电交易开展的关键。《通知》规范了绿电交易中绿色电力环境价值体现方式，一是电能量部分与绿证部分分开结算，确保绿色环境价值有效体现；二是明确要求绿色电力交易中，除国家有明确规定的情况外不得对交易进行限价或指定价格，避免价格干预行为；三是绿证结算对应的电量按照合同电量、发电企业上网电量、电力用户用电量三者取小的原则确定，确保绿证划转与实际绿电消费的匹配；四是明确绿电交易中绿证不得重复计算或出售，确保绿色电力环境价值的唯一性。

TEAMWORK
!!!!
search
SALE

10 观点汇编

Perspective Compilation

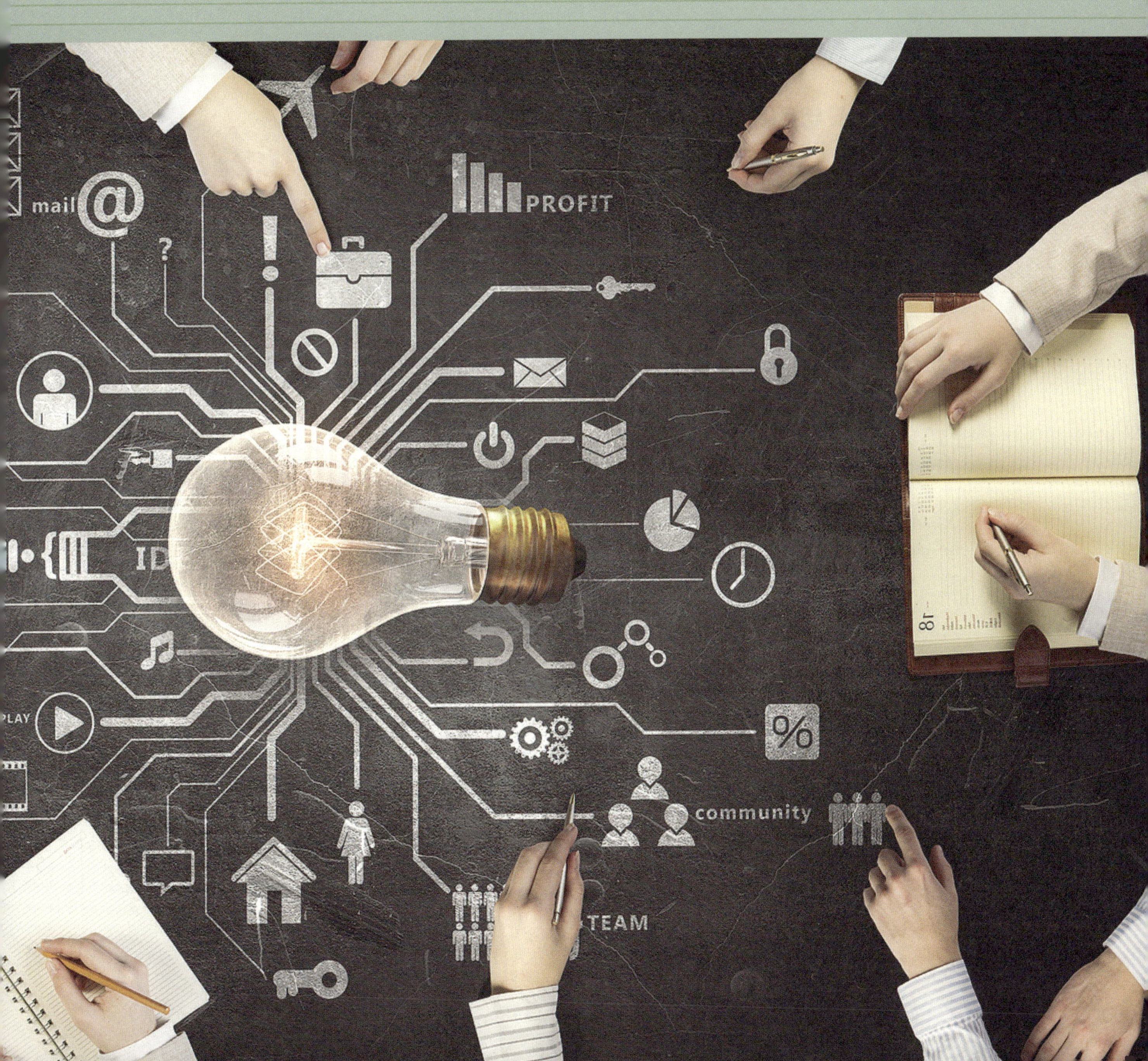

10.1
近年来我国电力弹性系数重回 1 以上原因探究

（吴婧　张剑　刘强　王雪松）

一、我国经济与用电增长的历史变化趋势

我国用电总量与经济总量长期高度相关，用电的变化趋势与我国经济发展的大周期基本一致。电力弹性系数（同一时期用电增速与经济增速的比值）是表征经济与用电量增长关系，反映我国产业和用电结构发展变化趋势的重要指标。“十五”末至“十二五”，随着我国由重化工业化向后工业化阶段转变，产业结构加快调整，二产用电比重持续下降，带动电力弹性系数稳步下降，“十五”期间电力弹性系数平均约 1.32，“十一五”降至 1.05，“十二五”降至 0.73。特别是 2015 年，用电量占比超过 70% 的工业用电 40 年来首次负增长，导致当年电力弹性系数降至 0.14。这一阶段，我国电力弹性系数伴随经济社会发展阶段和产业结构调整的变化趋势与发达国家历史发展情况基本一致。

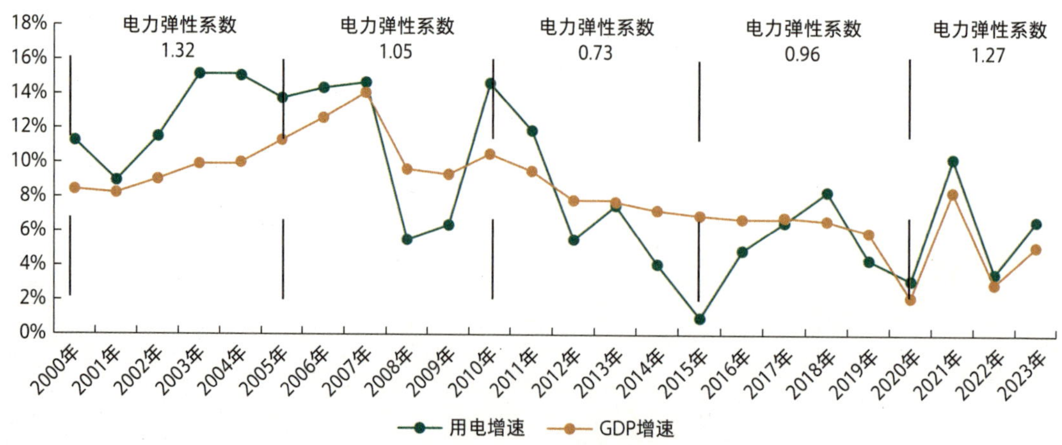

图 1　2000—2023 年我国用电量和经济增长情况

“十三五”期间，全国范围内加快推进清洁替代、电能替代“两个替代”，带动我国电能占终端能源消费比重持续提升，2020 年达到 25.5% 左右，较 2015 年提升 3.5 个百分点，同步带动电力弹性系数呈现回升态势，2018 年再次回到 1 以上。2019 年，中美贸易摩擦对部分制造业及其上游原材料生产造成显著影响，用电单耗较高的制造业增速明显放缓导致电力弹性系数出现短暂回落。进入“十四五”，经济发展新旧动能加速转换，电力弹性系数重新回到并维持在 1 以上的高位。2018—2023 年，我国电力弹性系数平均值为 1.16，用电增速持续高于经济增速，其中“十四五”前三年平均更是达到了 1.27。

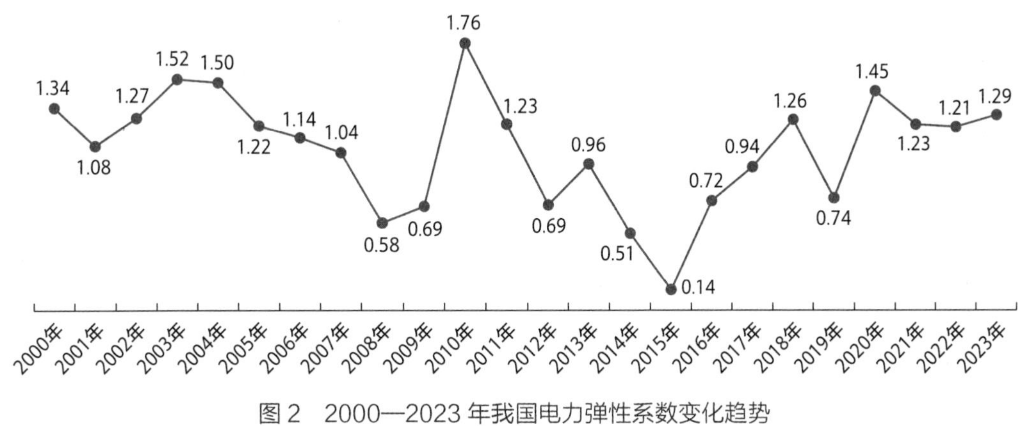

图 2　2000—2023 年我国电力弹性系数变化趋势

二、用电增速持续高于经济增速原因分析

（一）存量一次能源电能替代是“十三五”期间用电增速超经济增速的主要原因

“十三五”期间，工农业生产制造、建筑、交通运输、居民采暖等领域电能替代持续推进，五年合计新增电能替代量超过 8000 亿千瓦时，对全社会用电增长的贡献率达到 45%。新增电能替代量中，工农业生产制造领域的替代电量占比超过 60%，主要是对传统用煤和油气生产过程的替代，即在生产和提供同等规模的产品或服务价值情况下，中间燃料投入由煤炭、油气消费转变为电能消费，是导致这一阶段用电增速高于经济增速的重要原因。根据测算，在不考虑电能替代影响情况下，“十三五”期间，全国电力弹性系数约 0.54，远低于实际值 0.96。进入“十四五”，随着工农业生产制造等领域技术相对成熟的替代环节逐步实施完成，每年新增电能替代量逐步放缓，对全社会用电增长的贡献率也呈逐步下降趋势，其对电力弹性系数的影响也逐步减弱，不再是决定性的影响因素。

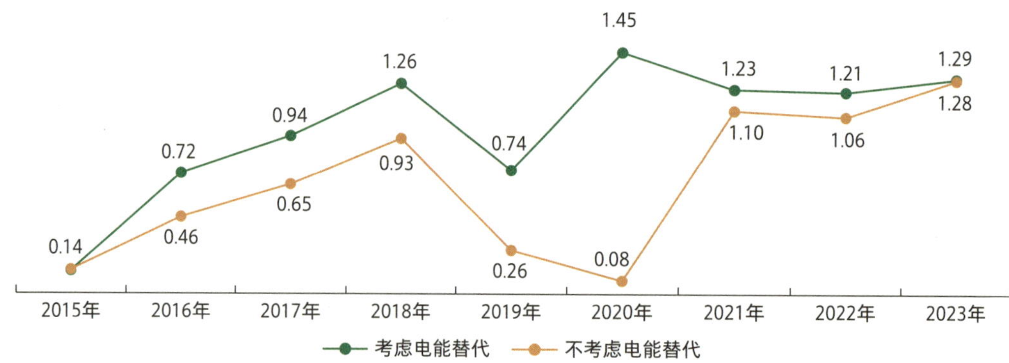

图 3　2015—2023 年电能替代对电力弹性系数的影响情况

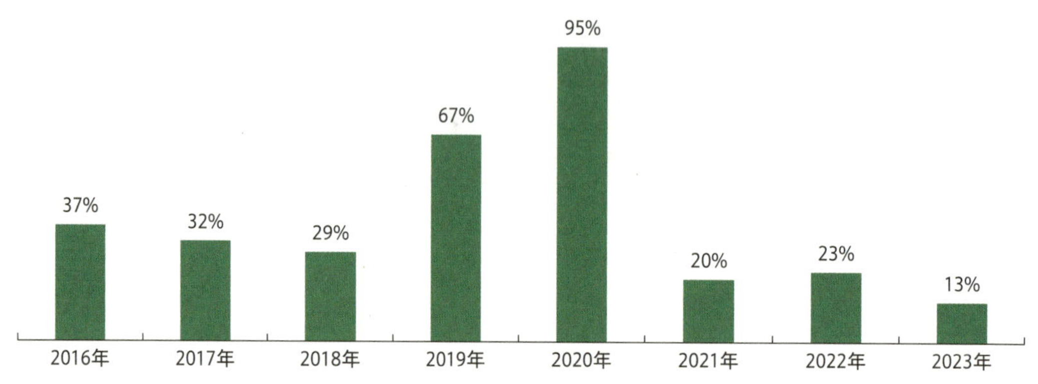

图 4　2016—2022 年电能替代对全社会用电增长的贡献率

（二）新旧动能加速转换成为现阶段用电增速超经济增速的主要原因

当前，我国正处于产业结构和能源消费结构同步加速转型时期。一方面，“双碳”目标要求下，电能占终端能源消费比重持续提升，低碳电气化进程加速推进，即电能、氢能等二次能源对部分煤炭、石油、天然气等一次能源消费实施了替代；另一方面，实现中国式现代化进程中，新型工业化、信息化、农业现代化加快推进，传统高载能行业能效水平稳步提升，高技术产业、装备制造业、新兴服务业等经济发展新动能不断壮大，二产、三产内部正在经历新旧动能的转换，带动直接以电能驱动产品生产和消费的比例在提升。在产业结构、能源消费结构转型叠加期，能源电力消费增长呈现了新的特点。

2015—2023 年，我国单位 GDP 能耗（按 2020 年可比价格计算）由 0.6 吨标准煤 / 万元降至 0.48 吨标准煤 / 万元，整体呈下降趋势；2015—2017 年我国单位 GDP 电耗由 0.074 万千瓦时 / 万元降至 0.073 万千瓦时 / 万元，此后整体呈现回升态势，2023 年达到 0.078 万千瓦时 / 万元，变化趋势与电力弹性系数基本一致。除前述对存量一次能源的电能替代外，经济新动能带来的新兴高用电行业的快速发展成为主要原因。具体来看如下。

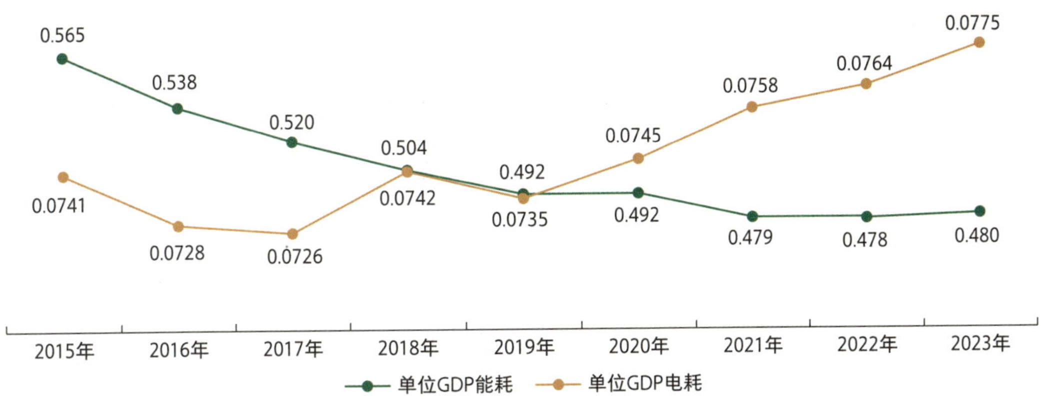

图 5　2015—2023 年我国单位 GDP 能耗和电耗变化趋势（2020 年可比价）（单位：吨标准煤 / 万元、万千瓦时 / 万元）

传统高载能行业显著下行，用电增速明显放缓。从具体产业看，第二产业中，传统高载能中的钢铁、电解铝、水泥、陶瓷等行业受产能控制和下游房地产等需求市场疲软因素影响，产量呈增速放缓或下降趋势。“十四五”前三年，全国粗钢及钢材产量年均增速仅 −1.5%、0.9%，远低于“十三五”年均增速（5.8%、5.1%），导致近三年钢铁行业用电年均增速仅 2%。中长期，在“双碳”目标要求下，上述行业用电增长放缓甚至是负增长趋势将进一步延续。

新质生产力快速崛起，带动产业链上游制造业用电快速增长。以电动汽车、锂电池、光伏电池“新三样”为代表的新兴装备制造业快速发展，形成了新的用电增长驱动力。这些行业对用电增长的拉动不仅仅是下游装备制造本身，更多的是对产业链上游相关高电耗原材料生产的带动。其中比较突出的就是能源领域自身，以光伏电池制造为例，我国光伏组件产量全球占比 70%，每年光伏电池产量超过 3.4 亿千瓦，直接带动电气机械和器材制造行业用电快速增长，“十四五”前三年用电量年均增速达到 24.4%。受此带动，“十四五”前三年，光伏电池上游多晶硅产量年均增速超 50%。多晶硅用电单耗 58000 千瓦时 / 吨，约为钢铁用电单耗的 120 倍、电解铝的 4 倍，在水泥、陶瓷等行业用电增速放缓和下降的趋势下，有力支撑了非金属矿物制品业用电的稳步增长。同时，多晶硅进一步带动了上游工业硅的发展，“十四五”前三年工业硅产量年均增速达到 21.9%，显著高于“十三五”的 1.5%，其用电单耗约 13500 千瓦时 / 吨，与电解铝基本相当，有力支撑了有色行业的用电增长。

以数字经济为代表的新兴服务业迅猛发展，带动三产用电高速增长。“云大物移智”等新兴技术发展不断提速，带动服务业新业态出现，突出体现在以 5G 和人工智能大数据为代表的数字经济产业。“十四五”前三年，5G 基站由 60 万个增至 338 万个，2023 年每万人拥有 5G 基站数达到约

24 个，接近工信部规划“十四五”5G 建设目标 26 个，全国在用数据中心机架总规模由超过 400 万标准机架增至超过 810 万标准机架，共同带动了电信、广播电视和卫星传输服务、互联网和相关服务用电的快速增长。此外，“十四五”前三年全国新能源汽车保有量增长近 4 倍，公共充电基础设施和私人充电桩数量均大幅增加，新能源汽车充换电服务带动了批发和零售业用电的快速增长。

（三）居民生活用电快速增长对用电增速超经济增速也会提供一定程度的贡献

与三次产业相比，居民生活用电量与经济总量的相关度较低，当其对用电增长的贡献率较高时，也会为用电增速高于经济增速提供一定贡献。近年来，家庭智能化电气化水平日益提升，极端天气频繁，居民降温采暖负荷显著增加，共同拉动了居民生活用电量的增长，2015—2023 年居民生活用电对全社会用电增长的贡献率达到 18%。根据测算，剔除居民生活用电量的贡献后，全国电力弹性系数总体有所下降，影响程度取决于其本身的用电增长情况和对全社会用电增长的贡献程度。2022 年，受疫情影响，我国居民居家时间显著增加，居民生活用电量同比增长 13.8%，对全社会用电增长的贡献率达到 54%，对当年电力弹性系数的贡献达到 0.56，是当年电力弹性系数高于 1.2 的最直接原因。

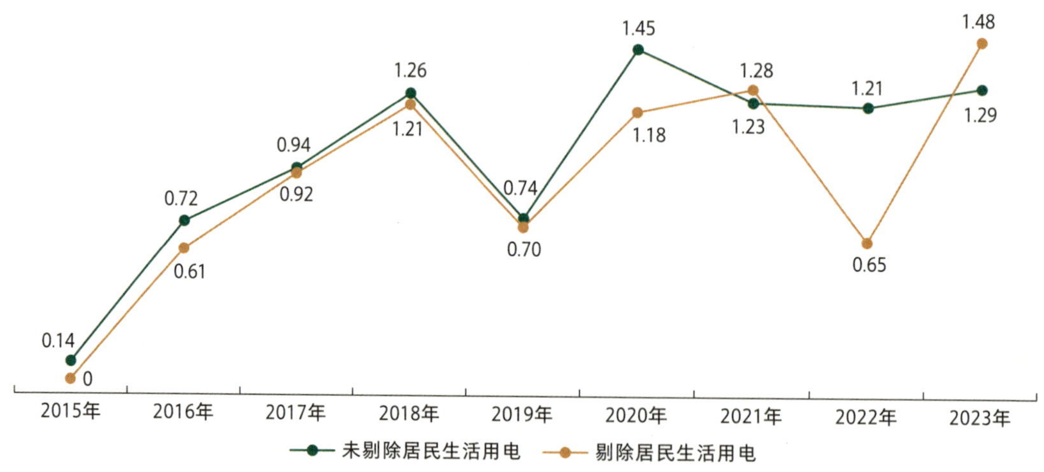

图 6　2015—2023 年居民生活用电量对电力弹性系数的影响

三、中长期我国电力弹性系数变化趋势的基本判断

（一）中长期我国经济与用电总体将保持刚性增长

经济发展方面。在推进中国式现代化建设进程中，我国将加快建成现代化经济体系，形成新发展格局，推动实施新型工业化、信息化、城镇化、农业现代化，实现经济的高质量发展。根据预测，未来 5-10 年我国年均 GDP 增速有望维持在 4%-5% 左右的稳步增长。

用电量方面。新型工业化、信息化、城镇化、农业现代化的加速推进、“双碳”目标下能源加快低碳转型，必然会带动我国实现更高水平的电气化。坚持发展完整的制造业体系将带动我国二产用电保持刚性增长，以“新三样”为代表的新质生产力将成为新增长极；以人工智能大数据、5G 为代表的数字经济和充换电服务等新兴产业将带动三产用电继续快速增长；人均可支配收入、家庭电气化水平的持续提高将带动居民生活用电稳步增长。根据预测，2025 年我国人均用电量将达到 7500 千瓦时，超过法国当前水平，2035 年将突破 1 万千瓦时，超过澳大利亚当前水平，未来 5-10 年我国年均用电量增速有望维持在 5% 左右。

（二）中长期我国电力弹性系数将呈波动下降趋势

中长期电力弹性系数总体仍将呈下降趋势。从典型发达国家和我国的历史发展情况看，二产比重下降、三产比重提升这一产业结构调整的方向是经济向更高阶段迈进的一般规律。在电力与经济高度相关的前提下，这也必然会带来相应用电结构的调整。从一个较长的发展时期看，用电单耗远高于三产和全社会平均水平的二产比重的持续下降，必然会带动电力弹性系数整体呈下降趋势。根据经济和用电量预测初步判断，“十五五”期间我国仍处于既有的新旧动能转换阶段，电力弹性系数仍将处于 1 左右的高位。中长期，随着产业结构调整、经济新旧动能转换、能源结构调整步伐逐步进入稳定发展阶段，加之存量电能替代逐步转向增量替代和能效水平的进一步提升，电力弹性系数将整体呈下降趋势并逐步进入 1 以下。

短期和阶段性波动依然客观存在。年度性、阶段性的经济和用电增长受多重因素影响，因此电力弹性系数的波动性是普遍存在的。经济方面，未来一段时期内国际局势依然复杂多变，全球经济正在进入衰退期，我国经济增长也因此存在不确定性。用电方面，一是用电量增速波动较经济增速更为明显，其根源在于用电量与供给侧生产直接相关，而产品的产量又受到市场需求、价格水平等短期因素的影响，因此电力弹性系数的年度短期波动不可避免；二是极端天气频发，并逐步成为新常态，也会

对短期电力弹性系数造成影响；三是我国存量电能替代仍有挖潜空间，在相关政策支持下有可能得到有效释放，可能带动电力弹性系数的阶段性回升；四是中长期我国人工智能发展存在膨胀式增长的可能性，进而带来上下游产业更新换代，引发新一轮的经济发展新旧动能转换，拉动用电量实现阶段性的超预期增长，电力弹性系数可能再次出现阶段性高于 1 的情况。

10.2
新形势下推动我国煤电高质量发展路径探讨

（吴婧　李文凯　邱健　薄煜　张剑）

能源电力事关国家安全和国计民生，“双碳”战略实施要求能源电力转型立足我国能源资源禀赋，坚持先立后破、通盘谋划，统筹推进。煤电作为我国最基础的电源类型，长期以来在保障电力安全稳定供应方面发挥了“顶梁柱”和“压舱石”作用，未来一段时期内仍将持续发挥基础保障性和系统调节性作用。但同时煤电也是我国能源行业碳排放的主要来源之一，在践行“双碳”战略要求下，煤电清洁高效低碳转型发展已成必然趋势和迫切要求。统筹发展与安全，推动煤电可持续的高质量发展势在必行。

一、煤电高质量发展的意义

（一）煤电是保障我国能源电力安全供应的“压舱石”

煤炭在保障我国能源安全中的基础地位短期不可替代。据自然资源部统计，截至 2022 年底，我国煤炭资源储量为 2070.12 亿吨，石油为 38.06 亿吨，天然气为 65690.12 亿立方米，“富煤、缺油、少气”的资源禀赋特点明显。2023 年，我国能源消费总量约为 57.2 亿吨标准煤，其中煤炭消费量占比 55.3%，原煤产量达到 47.1 亿吨。相比之下，我国油气对外采买度居高不下，分别高达 70% 和 40% 以上，安全稳定供应一直面临巨大风险。立足我国能源资源禀赋和当前复杂多变的国际形势，煤炭保障能源安全的基础地位更加重要且短期内不可替代，也是我国煤电未来发展的重要基础。

煤电在保障我国电力供应安全中的托底作用短期无法替代。现有技术条件下，与风电、光伏等新能源相比，煤电在保证电力供应和电网运行的安全稳定性方面，具有不可替代的能力和优势。全国看，2023 年我国煤电以占比不足 40% 的装机规模，承担了 70% 的顶峰任务。分省看，除湖北、青海、云南、四川、西藏等水电大省（区），以及海南、北京等装机以气电为主外，全国超过三分之二的省（区）煤电装机占本地区支撑性电源的比例超过 50%。当前，我国电力系统正处于加速转型期，短期内新能源不具备提供与煤电相当的支撑能力，新型电力系统的保障体系建设仍需要煤电持续发挥“压舱石”作用。

（二）煤电是推动我国电力绿色低碳转型的“助推器”

煤电是推动新能源大规模发展的重要支撑。随着新能源的大力发展以及电力消费结构的深刻变化，电力系统调峰需求持续提升，煤电仍是现阶段我国最经济可靠的调峰电源。“十三五”期间“三北”地区火电灵活性改造完成约 8000 万千瓦，“三北”地区平均弃风率由 2015 年的 18.7% 下降至 2023 年的 3.8%，平均弃光率由 2015 年的 14.9% 下降至 2023 年的 3.1%。“双碳”目标下，新能源仍将持续大规模发展，需要煤电通过进一步挖掘调峰潜力支撑新能源供给消纳体系的建设。同时，新能源出力受天气影响较大，近年来极热无风、极寒无光、连续高温、低温雨雪冰冻等极端天气频发，部分地区出现较大规模新能源出力受限情况，给电力系统的安全稳定运行带来严峻挑战。在应对极端天气、电力系统严重故障，以及重大保电需要的实践中，煤电将长期发挥重要作用。

煤电是推动能源低碳转型的重要抓手。燃煤发电被公认为最清洁高效的煤炭利用方式，近年来通过超低排放改造、节能降碳改造、淘汰关停落后产能、加快高效燃煤发电技术创新等方式，我国已建成全球最大的清洁高效煤电系统，2006—2020 年，我国供电煤耗降低累计减少电力二氧化碳排放 66.7 亿吨，对电力二氧化碳减排贡献率为 36%，有效减缓了电力二氧化碳排放总量的增长。“十四五”期间，我国还将加快推进煤电“三改联动”，节能降碳改造规模不低于 3.5 亿千瓦、供热改造规模力争达到 5000 万千瓦、灵活性改造完成 2 亿千瓦。与此同时，目前我国发电和供热行业二氧化碳排放量占全国排放量的比重仍然超过 40%，主要来自煤电，进一步推进煤电自身低碳转型是推动能源低碳转型的重要途径，对实现能源行业碳达峰，乃至全社会碳达峰、碳中和目标具有重要意义。

二、煤电高质量发展路径

（一）“质”上显著提升

我国存量煤电装机总量大、机组类型多、运行特性复杂，为了更好地适应新型电力系统构建、实现高质量发展，存量煤电需要重点在三个方向上加大技术攻关。

加快攻关煤电灵活性技术，支撑新能源大规模消纳。一是加快攻关深度调峰技术，包括锅炉本体、燃料制备系统、三大风机、烟气脱硝治理、汽机侧（次）末级叶片改造技术以及供热机组的供热能力提升、热电解耦技术等。二是加快攻关快速变负荷技术，包括汽轮机静子和转子的变负荷应力评估及结构优化技术、汽轮机通流间隙优化技术、燃料快速调整和稳燃技术、锅炉受热面防氧化皮剥落技术、负荷控制技术等。

加大低负荷提效技术研发力度，挖掘煤电煤耗降低潜能。一是针对汽轮机热耗率升高的问题，着力改变汽轮机系统设计思路，效率优化点应兼顾低负荷工况，调整通流结构、叶型设计等，并研究部分汽缸采用半容量或更低容量设计，低负荷时切除部分汽缸，以提升运行汽缸的负荷率和能效。二是针对厂用电率升高的问题，提升辅机设备的低负荷运行性能，通过容量和台数配置优化改善低负荷工况下的辅机负荷率及效率，并研究部分辅机不连续运行的可行性。

示范探索烟气碳捕集技术，大幅降低煤电碳排放。碳捕集、利用和封存（CCUS）技术是支撑大规模降碳的另一个技术方向，煤电企业在 CCUS 产业链中主要承担碳捕集任务，最高可削减煤电机组碳排放约 90%。目前碳捕集的商业化利用受到高成本和高能耗制约，急需继续研发性能更加先进的烟气吸收剂，并优化系统流程设计，以大幅降低碳捕集成本。

（二）“量”上合理增长

在我国电力需求仍将保持刚性增长的背景下，考虑到煤电作为我国电力安全稳定供应的基础电源，在未来一段时间内仍将维持主力电源地位，在优化调整煤电布局基础上，仍要根据电力供应保障和大规模高比例新能源消纳需要，合理规划建设一批清洁高效灵活的煤电项目。一是按照风光电基地、支撑性调节性电源、跨省区输电通道“三位一体”原则，重点在西部、北部大型风电光伏基地附近布局一批配套的支撑性、调节性煤电。二是结合经济发展和用电用热需求，重点在京津冀、长三角、珠三角、华中东四省等负荷中心地区布局一批托底保障煤电，同时结合北方地区冬季采暖需要合理布局一批热电联产煤电。

10.3 加快推动新能源有效替代传统能源的有关建议

（王雅婷　郭津瑞　王一珺）

当前，我国火电发电量占比约 63%、装机占比约 43%，火电等支撑性电源仍然是电力系统的主体电源，它们在系统中发挥着三个至关重要的功能，分别是提供充足的电量、提供不间断可靠的电力和提供电力系统安全稳定运行所需要的支撑。构建新型电力系统的关键是从以上三个方面实现新能源对传统电源的全方位有效替代。本文系统研判了新型电力系统构建不同阶段对于新能源三重替代的需求，并重点聚焦碳达峰前实现规模化电力替代提出发展建议。

一、新型电力系统构建不同阶段对于新能源三重替代的需求

新能源有效替代传统电源需同时实现电量、电力和安全稳定替代。电力系统发电和用电需要维持实时平衡。火电等传统电源基于稳定的燃料供给，具有发电功率连续、稳定、可控的特点，能够同时满足电力电量平衡要求，并为同步交流电力系统的安全稳定运行提供支撑。新能源有效替代传统电源本质上需克服其随机波动性强、转动惯量低、电压支撑弱等特点，同时实现电量替代、电力替代和安全稳定替代。电量上充分满足用户侧的用电需求，电力上新能源发电功率应不间断保障用电功率的实时平衡，安全稳定运行上提供维系电力系统运行所必需的惯量和电压支撑。

当前系统中，新能源主要发挥电量替代功能，尚不具备提供规模化电力替代和安全稳定替代能力。2024 年，我国新增用电量 6280 亿千瓦时，其中新能源提供的电量占比约 58.3%，较“十三五”期间提高 32 个百分点，已部分实现对传统电源的电量替代。但与此同时，新能源可参与电力平衡的容量比例极小。2023 年，国网经营区晚高峰风电最小出力率约 9%，部分地区如华东、

华中地区 8 月晚高峰风电出力不足装机容量的 2%，晚高峰光伏电力贡献基本为零。此外，由于新能源尚不能为系统提供充足的惯量和电压支撑，为确保电力安全稳定供应，火电等传统电源装机规模仍有一定增加，当前主要在电网结构薄弱的部分地区开展构网型新能源技术小规模试点。

2030 年碳达峰前，聚焦推动新能源逐步具备规模化电力替代能力。为实现碳达峰目标，新增用电需求主要由非化石电源满足，其中新能源是主力，预计 2030 年新能源装机规模将达到 21 亿千瓦以上。新能源电量替代持续推进，2030 年新能源电量占比从当前 16% 提升到 26% 以上。按照现有技术条件，为充分满足 2030 年最大负荷需求，新能源需提供至少 1.6 亿千瓦电力支撑，约占新能源装机的 8%。同时，煤电规模达到 16 亿千瓦以上，煤电利用小时数由当前的 4300 小时降至 3800 小时，煤电长期低负载运行将导致发电煤耗大幅增加，反而不利于节能降碳，应推动新能源重点替代为满足尖峰负荷需求而新增的煤电装机。若煤电发展规模不及预期，则新能源电力替代需求还将进一步增加。

中远期，进一步推动新能源具备长时稳定的电力替代能力和安全稳定替代能力，支撑新能源成为主体电源。碳达峰前后，煤电装机和发电量将进入平台期。从 2035 年新型电力系统基本建成到远景，煤电装机、发电量、利用小时数均将呈现减量化发展，煤电机组设计寿命到期后，将结合系统需求考虑延寿或转为应急备用电源。到 2060 年，考虑机组延寿后，预计煤电装机较峰值约下降 10 亿千瓦，由此减少的电力电量供应和惯量、电压支撑亟须新能源有效替代补充。随着新型电力系统建设进程持续推进，长时间尺度储能、构网型控制等技术逐渐应用成熟，新能源能够通过配置长时储能发挥退役煤电的电力支撑及安全稳定支撑作用。同时，负荷侧也更加灵活智能，将使得新能源与负荷能够更精准匹配，从而真正实现新能源对于传统电源的全面替代，成为电力系统主体电源。

二、推动新能源电力替代的主要实现模式分析

统筹考虑新能源集中与分布发展、就地利用和远距离外送，通过多种创新模式共同推动新能源实现电力替代。对于沙戈荒地区以及西南地区大型新能源基地，一方面通过大规模外送满足受端地区用电需求，另一方面与产业结合实现就地平衡利用。对于各省非基地化开发的集中式新能源，重点通过新能源与储能的协同优化运行打造一批系统友好型新能源电站。对于各省分布式开发的新能源，重点通过源网荷储一体化等方式，实现就地平衡利用。考虑 2030 年约 7 亿千瓦新能源按下述四种模式加速推进电力替代，其余新能源按当前替代水平，从而满足 2030 年至少 1.6 亿千瓦新能源电力替代需求。

实现模式 1：推动新能源与储能协同运行，打造一批系统友好型新能源电站。针对各省非基地化开发的集中式新能源，依托高精度长时间尺度功率预测技术和智慧调控技术，实现新能源电站风、光、储协调互补，能够像火电等传统电源一样持续稳定地保障供电。预计到 2030 年，通过改造升级存量、优化增量等方式，打造约 2.3 亿千瓦的系统友好型新能源电站，可实现约 0.29 亿千瓦电力替代。

实现模式 2：推动大型清洁能源基地多能互补开发外送。针对沙戈荒大型风电光伏外送基地、西南水电外送基地，依托新型交直流输电、新型储能、先进安全运行控制等技术，推动风光水火储多能互补一体化外送，实现对受端火电的安全可靠替代。预计到 2030 年，新增外送新能源规模约 2.3 亿千瓦，可实现约 0.3 亿千瓦电力替代。

实现模式 3：推动沙戈荒大型风电光伏基地自用。依托产能融合新模式和新型交直流组网、新型储能、负荷侧主动调节等技术，承接中东部地区高耗能等产业转移，推动风光火储等多能互补发展模式满足新能源就地开发利用需求。根据国家关于沙戈荒基地的规划布局，按 2030 年约建成自用新能源 1.4 亿千瓦考虑，可实现约 0.28 亿千瓦电力替代。

实现模式 4：推动源网荷储一体化建设。针对分布式新能源，依托先进数字信息技术、分布式智能电网、虚拟电厂等技术，聚合源网荷储各侧资源，实现源网荷储多元要素智能互动，推动局部区域基本实现电力电量自平衡，降低对于主网的依赖。到 2030 年，全国约 0.7 亿千瓦新能源通过源网荷储一体化模式就地平衡，可实现约 0.14 亿千瓦电力替代。

三、近期保障新能源加速电力替代的措施建议

为加快推动新能源规模化电力替代，亟须建立从规划编制到实施的闭环管理机制，围绕上述新能源电力替代四种模式形成具备指导性、实操性的实施方案，并以技术集成创新、调度和市场价格机制创新作为重要支撑，保障方案落地实施。

一是加强顶层规划和实施方案编制。当前，国家规划层面缺乏以电力替代为导向的统筹优化和具体推进方案；省级实施层面源网荷储发展处于多头管理、各自为政状态，缺乏整体性和协调性。建议以实现新能源电力替代为重点，衔接电力发展规划中的相关需求，由国家有关部门制定宏观指导意见，由省级能源主管部门组织有关单位编制年度实施方案，远近结合，设立阶段性发展目标，分类明确各地区新能源有效替代具体路径和重点任务，建立年度实施效果评估和动态调整机制，科学引导推动系统友好型新能源电站等各类模式加快落地。

二是大力推动技术集成创新。当前，支撑上述四种模式的技术尚不完善，面临着新能源功率预测精度较低、部分柔性交直流输电技术尚不成熟且成本较高、规模化应用的储能技术仅能支撑实现短时电力平衡等问题，增加了新能源出力与负荷精准匹配的难度。新能源电力替代需要多项技术的整合优化和集成创新，建议加快研发高精度多时间尺度新能源功率预测技术、适应不同场景需求的新型储能技术、多能互补和源网荷储一体化调控技术等，试点应用高电压大容量柔性交直流输电和组网技术、构网型控制技术等，同时积极提升电网的分布式新能源承载力、大规模新能源接入能力，通过研发可调节负荷控制技术提升负荷侧灵活响应水平，从技术层面支撑新能源实现有效电力替代。

三是优化完善支撑新能源电力替代的调度机制。当前，新能源及其配套新型储能缺乏有效整合、联合运行的机制，大多分开调用，新型储能总体利用率偏低、未能充分发挥其支撑调节作用，制约了新能源电力替代能力发挥。建议加快形成系统友好型新能源电站并网标准规范，围绕新能源与配套新型储能联合运行及一体化调度优化升级现有调度机制，允许“新能源 + 储能”等一体化模式作为整体接受电网调度。由调度部门建立系统友好型新能源电站可靠电力申报、认定及考核等相关规则，使其能够在运行方式安排时充分考虑系统友好型新能源电站电力替代水平。

四是健全支撑新能源电力替代的市场价格机制。当前，新能源相关市场价格机制设计主要考虑其电能量价值和环境价值，主要体现新能源电量替代效益，缺乏对于新能源提供可靠电力的评估考核和有效激励，推动电力替代的回报机制尚不清晰。建议后续在市场价格机制设计时充分考虑新能源电力支撑能力，对于具备一定电力替代能力的新能源，可参考煤电、抽水蓄能的容量电价试点容量补偿机制、探索建立容量市场，通过价格信号体现新能源电力替代价值。同时，积极推动系统友好型新能源电站、源网荷储一体化等模式作为独立新兴市场主体参与电力市场，更好地疏导相关成本。

10.4 高质量做好输变电工程设备更新和技术升级工作的建议

（董飞飞　李喜来　陈海焱　张天龙　刘哲）

输变电工程作为电力系统的骨干，肩负着电能的高效汇集、传输和分配任务，是确保电力供应连续性和可靠性的关键。传统的输变电设施已难以满足新形势下复杂而多变的新要求，亟须实施大规模的设备更新和技术升级，为推进新型工业化、实现绿色发展战略提供重要电力安全支撑。

一、我国老旧输变电设备现状

（一）老旧设备数量和种类多。据不完全统计，截至 2023 年底，全国范围内的老旧输变电设备主要包括：一是老旧变压器。全国范围内超过 10 万台电力变压器运行时间超过 30 年，其中约有 30% 的变压器型号为 S9 及以下，不符合现行能效标准。二是老化输配电线路。约 5 万公里的输配电线路老化，多建于改革开放初期，部分线路已超设计使用年限。三是落后的断路器和隔离开关。数量约 15 万台，部分设备已不符合安全标准。四是需更新的控制保护设备。约数千套，在电网中存在兼容性和可靠性问题。五是有升级需求的变电站自动化系统。约 20% 的变电站自动化系统需升级以适应智能电网的发展。

（二）分布情况及成因。老旧输变电设备的分布与我国电力系统的发展历程密切相关，主要集中在以下五大区域：一是东部沿海地区。电力需求持续增长，对老旧设备更新提出更迫切需求。二是中西部地区。该地区有许多早期建设的大型工矿企业和工业园区，老旧输变电设备较为集中。三是偏远山区和农村地区。地理位置偏远等因素导致更新改造工作滞后，老旧设备比例较高。四是老旧工业基地。如东北老工业基地，由于历史原因，存在大量老旧输变电设备。五是城市老旧区域。随着城市化进程的推进，一些城市老旧区域的输变电设备已逐渐落后。

二、设备更新和技术升级应注意三方面问题

（一）技术兼容与支撑问题。升级至新设备和技术可能会遇到与现有系统不兼容的问题，需调整和优化，加强人员培训，确保新旧系统能够无缝集成和协同工作。做好技术标准统一工作，避免设备更新和升级过程中出现混乱，影响整体效率。

（二）资金筹集与使用问题。输变电工程设备规模庞大，更新成本较高，新设备的投资回报周期较长、见效慢，资金筹集压力较大。要合理地规划与分配资金使用，确保设备更新取得预期效果。要特别注重科学决策，在深入调研的基础上，把控好技术路线、投资方案。

（三）外部影响与项目管理问题。输变电工程设备更新和技术升级是一项复杂的系统工程，一方面要加强有关管理工作，另一方面，要注意外部影响，营造良好的外部氛围。配网改造、农网改造、充电基础设施改造等项目，尽量避免对居民生活造成不便，做好沟通解释工作。

三、有关建议

新时代输变电工程设备更新和技术升级应坚持高质量推进的原则，使输变电工程体系更加智能化、绿色化，更加安全可靠。为此提出如下建议：

（一）响应政策顺应市场，营造良好发展环境。各地因地制宜地制定更新方案和策略。东部沿海地区重在满足持续增长的电力需求；中西部地区重心是支持工矿企业和工业园区的发展；边远地区以扶贫和电网改造项目为主；老旧工业基地电力系统改造与经济结构的调整、产业升级相结合；老旧城区改造瞄准智慧城市建设。电网企业明确设备更新的目标、时间表和实施步骤，加强电网的关键枢纽和节点以及自然灾害频发地区等重点区段的老旧输变电设备更新。

（二）加强技术研发创新，推动软硬件一体化。电网企业加大研发投入，建立“产学研用一体化”创新体系。积极探索高效、环保的新材料、新工艺的应用；做好适应高海拔、极寒等极端条件下的特高压输电技术、柔性直流输电技术等关键技术攻关和设备研发；注重与新一代信息技术的融合发展，不断提高设备的智能化水平和运行效率；优化算力提升，推动软硬件一体化发展、协同优化。

（三）完善设备标准规范，加强生命周期管理。加快制定和修订节能降碳、环保、安全、循环利

用等相关领域的技术标准与规范，更新和完善输变电设备技术标准、安全规范和质量评价体系，以标准引领电网行业的规范、有序、健康发展。加强输变电设备的全生命周期管理，从设计、制造、运行、维护和回收等各个环节制定全面的管理策略和操作流程，实现全过程的高效和环保。

（四）强化重大工程引领，加快装备推广应用。精选战略意义的工程项目，如特高压输变电工程、苏通 GIL 管廊工程、张北柔直试验示范工程、智能电网建设项目等，作为新技术和新设备应用的试验场，验证新技术的可行性和新设备的可靠性，形成成熟的、可复制的技术方案和管理模式。加大重大工程成果的宣传力度，服务新技术、新装备推广应用。

（五）加强专业人才培养，提升产业链竞争力。培养一批既懂技术又善管理的复合型人才，建立完善的人才激励机制，为新技术的研究和新设备的应用提供人才保障。电网企业积极探索和实践新的管理模式和生产组织方式，推动产业链上下游协同发展，提升产业链的整体竞争力。

10.5 关于全国统一电力市场体系下地方电网与大电网协同发展的几点思考

（张博宇　武赓　侯庆峰　邹庄磊　苏海燕）

在新型电力系统和全国统一电力市场体系建设的背景下，地方电网和大电网的关系定位和发展方式面临着新的外部环境，地方电网如何与大电网更好地协同，对于更好地实现可再生能源高效利用至关重要。

从系统层面来说，电网协同发展，实现互联互通是当前高效利用可再生能源的重要手段。输电网层面要实现更大范围的电网互联，进一步扩大可再生能源消纳范围；配电网层面要加强与主干电网间的数据互通、信息互动，实现分布式可再生能源的高效利用，提升局部电网自平衡能力。从市场角度来说，电网互联及由可再生能源发展带来的较小体量、数量众多的市场主体，能够进一步提升电力市场竞争程度，有效规避电力市场中市场力等问题。因此，地方电网和大电网之间实现协同发展，是新型电力系统建设和全国统一电力市场建设的必然要求。

当前，地方电网和大电网在统一管理、互联互通上仍然存在一些问题，地方电网和大电网在供电服务、电价执行、市场交易参与程度、投资力度、建设标准等方面均存在差异，导致地方电网的平台配置作用没有充分发挥作用。随着可再生能源发展规模和市场交易范围的不断扩大，上述矛盾和问题也将更加突出。

一、地方电网未来发展模式

（一）地方电网概念演变

根据我国建设新型电力系统和全国统一电力市场体系的要求，地方电网作为企业经营主体，其输电业务应该按照并入或者统一管理的方式，与省级电网进行融合，因为地方电网经营输电业务不仅可能造成投资浪费或不充分，也可能影响输电网的互联和可再生能源的消纳利用。在配电网层面，由于分布式电源、储能、充电桩等分散式资源的大规模接入，部分园区或者配电区域具备独立经营的条件，但是前提是独立经营具有更好的经济效益，能够更好消纳利用分布式可再生能源，能够对大电网安全经济运行起到一定的支撑作用。地方电网经营企业可以按照规范分散经营的方式，与大电网进行协同发展，但是必须加强在规划、运行、市场交易等方面的信息交互。

因此，未来地方电网并不是现在单纯以行政区域划分的局域电网，而是应该综合考虑分布式可再生能源发展需求、能源自治能力、发展经济效益，而形成具有新型电力系统条件下配电网发展新模式的局域配电系统。允许地方电网企业在配电网层面进行更多的模式创新和探索，既是我国电力体制改革向社会资本放开竞争性业务的要求，也是新型电力系统发展的重要途径。由于供电经济性或者独立运营自治系统的运行经济性，是地方电网未来发展的重要目标，因此在理顺交叉补贴的前提下，地方电网自治系统可能更多地会围绕工商业负荷建设，省级电网企业可能需要承担更多的居民、农业负荷和社会责任。

（二）地方电网发展趋势

地方电网的发展要符合新型电力系统建设要求，地方电网也是可再生能源消纳的重要平台。地方电网从小水电自供区、农村配电网发展而来，目的是解决当时大电网延伸不到的地区，实现电力普遍服务。在新发展模式下，地方电网有了新的历史使命，充分接入消纳分散式的可再生、低碳清洁资源，推动实现新型电力系统是未来地方电网建设发展的重要目标。特别是在配电网层面，在“小微”资源的利用上，地方电网或者小区域内具有自平衡能力的小型电网，具有不可替代的优势，能够降低主干电网向下延伸投资，实现“小微”资源的高效利用，实现“小微”资源可控可测和系统友好型的资源利用。

具备平衡自治能力是未来地方电网发展的重要模式和路径，自治不代表不互联，大电网之间的互联、大电网与自治电网的互联是充分发挥互补优势关键，特别是在未来系统电力电量平衡方式发生较大变化的情况下，自治电网与大电网的互联能够在系统出现紧急情况的条件下，做到最大限度自保，甚至为邻近区域提供必要的系统支撑。

未来基于配网侧分布式可再生能源利用的微电网、源网荷储一体化项目、有源配电网在新型电力系统的定位应是平衡自治系统或者具有一定平衡自治能力的局部电网形态，这将是未来地方电网发展的重要模式和生存空间。在输电网层面要与大电网进行互联并统一管理，但是在自治平衡系统中地方电网应该探索更多的发展模式，将经营业务向低压和用户侧延伸。

二、地方电网与大电网协同发展机制建议

要推动地方电网与大电网协同发展，解决目前地方电网管理过程中存在的问题，应主要从以下几方面入手。

（一）统一管理是地方电网协同规范发展关键

从目前我国地方电网发展过程中面临的问题，以及未来电网互联互通的需要出发，无论地方电网与大电网以何种方式进行协同发展，统一管理都是地方电网和大电网协同发展的关键。“统一管理”主要包括“三个统一”。统一电网规划建设，统一规划建设是避免电网重复投资建设的关键，各地能源主管部门应进一步细化配电网规划投资方案，积极协调各方利益诉求，以系统效益最佳、更好地服务本地经济社会发展需求为目标，制定带有考核机制的规划建设政策机制，从政府层面建立配电网投资建设项目库，建立项目入库优化比选机制和规划项目落实的监管机制，确保统一规划有依据、能落实。统一调度运行管理，调度运行管理是保证系统安全稳定运行的关键，电网互联意味着系统之间的耦合将更加紧密，交流电网的物理特征使得局部的故障会向全系统传导，统一调度管理不可或缺。应建立统一电网调度管理平台和数据管理平台，实现电网调度管理的协调，保证调度指令实施。自治平衡虽然是未来地方电网发展的重要路径，但是内部优化不代表局部电网与主电网之间互为“黑箱”，配电网内部状态感知能力提升，和配电网与主干电网之间信息的互通协同，需要更加完善的调度数据、信息通信标准，需要衔接统一的电网调度机制，因为自治电网需要依托大电网，也能够为电网提供必要的支撑，这都需要统一的调度管理体系。统一电网标准体系。对于电网设备选型、设计施工、运维检修、电能质量等统一标准，避免不同电网企业标准不同，确保用户能够享受到一致性的用电服务。

（二）公平承担社会责任是地方电网协同规范发展当务之急

承担社会责任既是大电网的责任，也是地方电网的义务。一是妥善处理电价交叉补贴问题。长期以来，我国电价由政府确定，各类电力用户的价格成本与用电成本有差距，形成结构复杂的电价补贴体系。不同电压等级电力用户之间、同一电压等级不同电力用户之间、一省内不同地区电力用户之间均存在交叉补贴，此前通过趸售的方式暂时将交叉补贴承担责任问题搁置，但是随着电力市场建设的不断深入，地方电网未公平承担交叉补贴成为制约一部分用户参与市场建设的关键问题。当前，应该建设改暗补为明补，并以逐步减量、取消工商业对居民补贴为改革方向。建立妥善处理交叉补贴的长

效机制，建立明补基金或税制，在全国范围内进行统筹，同时进一步完善居民电价制度，做到交叉补贴开源节流。二是建立完善的备用市场机制。大电网与地方电网的备用成本应分为两部分。其中，大电网为保证地方电网供电所提供的输变电容量，地方电网应支付相应的输配电费用。建立大电网与地方电网之间合理的输配电价结算机制，需要在厘清交叉补贴的前提下，地方电网应与其他主体一样，公平承担输变电建设成本。此外，推动各地建立备用市场机制，逐步推动备用市场费用向用户侧传导，地方电网用户应与大电网用户公平承担系统备用成本。三是公平承担电力普遍服务。地方电网同样应该承担电力普遍服务的责任和义务，通过建设坚强、柔性的配电网，提升区域内分布式可再生能源消纳利用能力，通过发展分布式电源解决无电地区。同时，国家应建立普遍服务基金，地方电网按照要求积极实施电力普遍服务，享受普遍服务基金的资金支持。

（三）市场体系建设是地方电网协同规范发展价值基础。

对于地方电网来说，一方面，应该尽快明确其市场主体地位，允许地方电网内部市场主体参与电力市场或者作为整体聚合内部“小微”资源参与批发市场，发挥地方电网的平台作用和聚合商价值。另一方面，应该允许地方电网内部开展分布式资源与内部资源开展就近交易，扩大分布式可再生能源市场参与方式可选择路径，最大程度发挥市场在优化配置资源方面的作用，更高效地解决内部能量优化配置问题。

根据市场反应的价值信号和负荷实际发展需求，合理选择地方电网发展模式，将市场价值反应的经济信号，作为协同发展模式选择的判断标准，避免为了融合而融合，为了自治而自治，解决目前一些新业态发展“拉郎配”，通过市场信号引导地方电网健康发展。

（四）新技术发展应用是地方电网协同规范发展物理支撑

数字化、智能化配电网是未来地方电网高质量发展的重要物理支撑。分布式可再生能源并网接入、储能设备、新型电力电子装备、大数据和高效通信技术等的应用，为地方电网整合区域内资源提供了物理基础，使得地方电网能够在一定程度上实现能量自平衡和系统自治，这是未来地方电网发展存在的物理基础。同时，借助于即插即用、双向可控的系统运行模式，地方电网能够在一定时段内向大电网提供必要的系统支撑，本质上增加了大电网运行的可调控资源，比如以地方电网内资源为实体，通过虚拟电厂模拟同步机惯量特性，可以向大电网提供相应的转动惯量。

因此，必须支持新技术在地方电网的应用，在理顺交叉补贴、明确市场参与方式的前提下，合理给与地方电网一定资金支持，通过示范试点项目，推动新技术特别是配电网侧智能化新技术的发展，推动地方电网尽快完成技术、设备的升级改造。

（五）建立健全规范地方电网的监管机制是地方电网可持续发展的重要保障

一是保障供电质量和供电可靠性是电网企业经营发展的首要目标，地方电网企业应该积极履行相关社会责任。在分布式电源大规模并网的情况下，对于中低压配电网供电电能质量的监管更加重要，应建立完善供电质量和供电可靠性指标的报送制度，形成定期抽查监管的制度流程。同时，要根据实际情况，动态修订对于用户功率因素要求和力调电费，积极引导地方电网和用户提升功率因数，布置无功补偿设备；二是完善市场交易监管。对于地方电网经营区内符合市场准入条件的电厂、用户、聚合商应推动其参与上游批发市场。鼓励地方电网企业建立以分布式电源交易为主的内部分散式交易市场。推动地方电网以虚拟电厂或者聚合商形式参与上游批发市场。三是完善可再生能源消纳责任权重落实监管。地方电网企业与其内部用户应该公平承担可再生能源消纳利用责任，需要建立针对地方电网合理的可再生能源消纳责任权重分配机制和履约机制。

10.6
人工智能推动能源电力发展形势分析

（徐东杰　李振杰　侯金秀　熊雄）

人工智能是引领新一轮科技革命和产业变革的基础性和战略性技术，正成为发展新质生产力的重要引擎。习近平总书记多次作出重要指示，强调“要深入把握新一代人工智能发展的特点，加强人工智能和产业发展融合，为高质量发展提供新动能”。能源电力行业积极布局人工智能平台体系和大模型基础能力，持续增强算力与应用场景创新，人工智能技术在助力能源领域降本增效提质方面发挥积极作用。与此同时，人工智能发展也面临数据质量与均衡性不足、“黑箱”特性及可信安全等问题，算力的快速增长对电力系统支撑能力提出更高的挑战。因此，能源电力领域亟须加强人工智能顶层设计、业务场景构建和人工智能关键技术研究，推进电力算力布局优化与深度协同，支撑能源全方位变革。

一、人工智能助力能源高质量转型发展方兴未艾

（一）电网企业着力推动人工智能与业务融合应用

国家电网公司打造视觉、语义等行业大模型，构建千万级高质量样本库和两级智算中心，赋能数智化坚强电网建设；融入 AI 技术构建新一代新能源功率预测系统，强化新能源人工智能预测能力；采用无人机智能巡视和输电通道智能监控技术替代传统人工巡检，提升电网设备故障识别与巡检效能。南方电网公司率先发布电力行业自主可控大模型“大瓦特”，以场景、模型、数据和算力等“4 大要素”高质量发展为核心，推进“4411”战略融入公司生产、经营和管理各环节，智能应用覆

盖输电、变电、配电、调度、客服、规划等十余个领域百余个应用场景。内蒙古电力公司运用 AI 大模型等技术构建数字配电网，辅助电网规划运维和高品质供电，累计投产 71 座智能变电站，构建了 500 千伏电力主网首座数字孪生智能化变电站，实现三维场景的可视化展示、智能操作、智能巡视、智能安全等运维功能。

（二）发电企业积极探索人工智能技术产业应用

国电投集团在火电灵活调峰、新能源并网消纳等方面，探索智慧能源系统实现横向多能互补、纵向“源网荷储”高效互动，促进能源供给和需求的有效匹配，解决清洁能源发电随机性的问题，促进“源网荷储一体化”深度融合。国家能源集团通过构建“智能大脑”——AI 助手，实现了智能问答、智能检索、知识生成等功能，为电厂智能化发展提供了全新解决方案。

（三）煤油气企业推动布局人工智能协同应用场景

中煤能源集团利用人工智能对各类矿产资源和能源的采掘、提炼、转化、安全生产、调度、运输、碳排放等各环节进行实时调度、监控、预警等，预测和防范安全事故，智能高效调配能源的使用和输送。中国石油深入推进以昆仑大模型为核心的‘人工智能 +’行动，加快实现人工智能赋能产业升级，语言大模型参数达到 700 亿，构建了地震处理、地震解释、测井处理解释 3 个专业大模型，以及 21 个场景大模型。

二、人工智能面临的挑战与风险

（一）人工智能的飞速发展给电力系统发展带来新的挑战

有观点认为，“AI 的尽头是算力，而算力的尽头是电力”。一是大语言模型和生成式 AI 的快速应用导致算力激增，给电力供应提出挑战。据中国算力平台统计，2023 年我国数据中心用电量约为 1500 亿千瓦时，同比增长 15.4%，约占全社会用电量的 1.6%。根据中国信息通信研究院测算，在人工智能爆发增长情景下，2030 年我国算力中心用电或超过 7000 亿千瓦时，占全社会用电量 5.3%。人工智能大模型对算力处理能力和规模的双重提升需求，对能源电力供应保障能力提出更高要求。二是数据中心的兴建对电网稳定运行提出挑战。数据中心由于自身的高耗电属性，是能源消耗和二氧化碳排放大户，其兴起和集中布局，改变了电力负荷的地理分布和时间分布，对电网稳定性带来影响。在“双碳”目标和碳排放双控背景下，数据中心关注绿色低碳和可持续发展，从而推动了可再生能源的发展，而可再生能源的波动性和随机性进一步加剧了电网运行风险。三是电力与算力的逆向分布对电力调度提出挑战。一方面，我国能源资源与需求存在逆向分布，东部、中部地区用电需求较大，但能源资源相对匮乏，而西部地区用电需求较小，风电、光伏、水电等能源资源丰富；另一方面，算力需求也呈现区域集聚化发展态势，华东、华北算力产业集中。算力需求集中区域通常能源资源较为匮乏，对电力跨区域调度提出更大挑战，需要通过电算多维度协同，实现电力供需更高效的匹配。

（二）“黑箱”特性及可信安全问题导致人工智能发展面临阻碍

人工智能技术自身发展面临“黑箱”、可信安全、责权归属、技术滥用等问题已引起各界的广泛关注。一是“黑箱”特性影响电力领域大规模应用。AI 模型尤其是深度学习模型的内部结构和参数非常复杂，难以直观地理解其工作原理和决策过程，导致决策结论通常不具备可解释性。然而电力系统的运行决策属于安全极度敏感领域，人工智能模型可信性是其能够在电力系统进行大规模安全应用的重要前提条件。二是“幻觉”问题的错误引导带来安全风险。大语言模型存在生成看似正确实为错误的“幻觉”问题，存在将价值观、偏见和偏向性的学习数据反映到结果中的风险。当前电力 AI 助手使用频繁，“幻觉”问题可能带来错误信息指引，若应用在电力检修中将引发电力系统安全风险。三是人工智能给不法分子提供新手段，带来数据安全与可信问题。基于人工智能的数据投毒、算法后门、对抗样本攻击等，给电力系统数据安全和网络安全带来了新的挑战；生成式 AI 和深度伪造导致面临严重可信问题，数字分身、伪造视频、伪造新闻、换脸变声、生成不雅图片等，若产生电力消费或电力行业事实性错误，将诱导电力用户和社会公众产生政治偏见和错误言论等问题。

（三）数据质量及均衡性不足影响人工智能模型可靠性

能源电力领域各环节数据总量整体较为丰富，但针对具体应用场景的数据质量不高、异常数据样本匮乏、数据壁垒等问题仍普遍存在。一是数据质量不高。由于电力设备调试结果、运行状态等数据的存储形式各异、质量参差不齐，经常发生数据缺失、重复和异常等问题，影响电力系统各环节计算执行效率和计算结果的准确性。二是数据不均衡，异常数据样本匮乏。由于电力系统对安全稳定的高度需求，系统与设备异常状态运行样本数量较少，存在较为明显的样本不均衡问题，使得模型出现过拟合与决策边界偏移现象，影响鲁棒性、可靠性与泛化能力。三是数据壁垒较大。电力数据来源于不同业务部门与信息平台，难以实现跨平台数据交互与共享，大大增加了获取完整数据样本的难度，难以满足评估环节大体量、多元化数据需求。

三、人工智能将推动能源电力全方位变革

（一）人工智能将驱动能源绿色生产和低碳升级

一是人工智能将为能源生产运维和运行决策赋能。面向新能源强随机、高波动、难运维等新特性，运用人工智能技术，将为水电、风电、光伏等绿色能源天气预测、高精度功率预测、设备状态预测性维护等应用需求赋能。煤炭、煤电、油气等传统能源的数智化升级，将实现场站运行效率、决策水平的规模化提升，推动传统能源低碳转型。智能油气方面，实现全业务链数据互联、技术互动、业务协同，推动智能化手段支撑油气企业优化劳动组织模式，实现增储增产增资；智能水电方面，推动智能化规划设计、智能建造、智慧运行管控和智能化流域综合管理等成套关键技术与设备应用；智能电厂方面，通过搭建智能电厂新型管控系统架构平台，实现生产设备监测、机组状态监测、检修流程管理和业务流程管理协同，完成"边＋云"端远程管控与故障自诊断。智慧煤矿方面，通过智能矿山工业互联网平台、智能矿井一体化管控平台，提升煤矿地质探测、采掘（剥）、支护、运输等关键技术与装备智能化水平。智能风电方面，可以实现叶片涂层合格情况及分布形态评估、风电机组和场内变电设备关键部件监测等，支撑风电产业链智能制造和设备评估预测。智能光伏方面，通过提高多晶硅等基础材料、光伏电池及部件生产制造的智能化水平，发展太阳能资源多尺度精细化评估与仿真分析技术，提升光伏电站运行水平与运维效率。综合智慧能源方面，通过研制智能化、网络化、模组化多能转换设备，建立面向区域智慧能源服务平台与智慧能源数字孪生平台，将实现多能互补综合利用与智能优化，提升城市高品质能源供应能力。

二是人工智能将推动能源结构转型升级，新能源也将助力人工智能快速发展。数据中心兴建及配套绿电供应需求，将增加绿电占比，助力能源结构优化，推动能源绿色低碳转型。同时，充分利用大规模新能源建设优势，可以支撑未来绿色算力中心的快速发展，为 AI 发展起到核心推动作用。

（二）人工智能将促进能源传输安全稳定和效能升级

一是人工智能将推动能源灵活和稳定传输。电网是能源中转的核心基础设施，随着风电、光伏、储能的大规模分散式接入，以及分布式发电、可调节负荷、电动汽车充电设施等负荷侧灵活性调节资源的快速增长，电力行业"两高一化"趋势日益凸显。电力电子新兴技术的迅速推广，使得电网面临结构性变化，从传统的垂直单一模式转变为含多电力电子变换的功率与信息双向流动模式。在未来灵活开放的电力市场体系下，亟须改变电力系统传统运行方式，引入人工智能、大数据、下一代通信等

新技术，充分利用大规模分布式的可调节电源、储能、灵活性负荷等各类资源，高效适应可再生能源的波动性和间歇性特征，优化电网和煤油气等能源调度运行，实时监控和调整能源流动，提高能源供需预测和优化能力，实现源网荷储 / 风光储一体化的智慧灵活运行，实现更高效、更稳定、更智能的能源供需平衡。

二是人工智能将促进能源的稳定与高效存储。人工智能技术的广泛应用，能够助力储能系统优化运行。一方面，可以通过预测能源需求、供应及存储设备状态，提前调整存储策略、优化能源分配，保障能源稳定供应。另一方面，通过监测储能系统充放电状态、温度、内阻等关键运行数据，运用人工智能技术可以动态调整工作参数和维护策略，提前安排运维计划，提高储能效率和使用寿命。能源存储系统之间的协同工作，实现多能互补和高效利用。

三是人工智能将提高能源精准与高效分配。通过人工智能技术实现能源需求的精准预测，支撑大规模、高复杂度能源电力系统建模和仿真分析需求，智能优化能源分配策略，保障能源电力供应高效、稳定和精准，助力能源由垂直单一管理模式向分区域自治转变。

（三）人工智能将推动能源消费结构和模式变革

一是算力助力数字经济成为能源消费新驱动。相较于美国用能发展趋势，我国数据中心及算力构建起步较晚。根据 EPRI 数据中心报告显示，2023 年，美国在运数据中心超过 5000 座，占全球一半左右，挖矿算力占全球 38% 左右，数据中心和虚拟货币已成为美国数字经济领域用电的主要来源，数字经济的用能增长也是美国当前用能增长的主要驱动。随着我国各领域人工智能技术的快速应用，未来算力能源消费也将成为我国用能增长的重要驱动。

二是人工智能将助力能源消费侧管控优化。基于高载能工业负荷、工商业可中断负荷、电动汽车充电网络、智能楼宇等需求侧资源，以及峰谷分时电价、高可靠性电价、可中断负荷电价等多种价格策略，人工智能技术将可助力实现能源需求侧资源和电价的多目标优化，推动柔性负荷智能管理、虚拟电厂优化运营、分层分区精准匹配需求响应资源，提升绿色用能多渠道智能互动水平，优化能源调配策略。

三是人工智能将助力能效综合提升与用能模式创新。利用人工智能技术，智能家居、智能电表将实现能源消费实时监控和智能调节；产业园区、商务办公园区等区域多能互补供能，将进一步提升能源综合梯级利用水平，推动普及用能自主调优、多能协同调度等智能化用能服务，引导用户实施技术节能、管理节能策略，促进智能化用能服务模式创新。

四、相关建议

（一）建议加强顶层规划布局，深化人工智能与能源领域融合应用

深入研究前沿人工智能技术和新兴业态，规划构建能源领域智能化赋能架构体系，出台系列专项规划、指导文件和管理规范，为人工智能助力能源转型发展奠定良好基础。紧密贴合能源行业实际需求和用能侧发展现状，在统筹构建能源行业级数据底座、构建多元场景体系等方面充分发挥优势，打磨出适配我国能源供需特点的精准算法，加强高精度新能源功率预测、能源智能规划与智能建造、能源设备预测性智慧运维管控、源网荷储多元互动优化、智能客服、智慧用能服务等典型场景建设，持续推动人工智能技术在能源产供储销各领域融合应用。

（二）建议深化关键技术研究，推动行业大模型统筹建设

加强能源领域人工智能行业大模型、知识图谱、高精度发电功率预测、智能调度、智能客服等关键技术研究，推动构建“通用、可用、易用”的能源领域人工智能基础技术底座，加强能源上下游数据资源流通，在人工智能不可解释性、幻觉问题上取得突破性进展，完善可信安全保障体系。

（三）建议推动电算协同发展，持续优化电力算力布局

建议统筹能源行业实际算力需求，建立科学评估机制，精准核算人工智能训练、推理任务量，匹配合理算力规模。在保障数据中心可靠供电的基础上，推动数据中心参与电力互动，实现电力供需的精准匹配，提高数据中心对绿色能源的使用率。深化“东数西算”工程，结合区域资源禀赋和市场需求，持续优化电力与算力分布，推动电力算力规划、建设、调度和交易等环节一体化协同。